Idiotas & Demagogos

Almyr Gajardoni

Idiotas & Demagogos

Pequeno Manual de Instruções da Democracia

Ateliê Editorial

Copyright © 2002 Almyr Gajardoni

Direitos reservados e protegidos pela Lei 9.610 de 19.02.98.
É proibida a reprodução total ou parcial sem autorização,
por escrito, da editora.

ISBN – 85-7480-121-6

Editor
Plinio Martins Filho

Direitos reservados à
ATELIÊ EDITORIAL
Rua Manoel Pereira Leite, 15
06709-280 – Cotia – SP – Brasil
Telefax: (11) 4612-9666
www.atelie.com.br
e-mail: atelie_editorial@uol.com.br

Foi feito depósito legal
Printed in Brazil
2002

SUMÁRIO

Agradecimento 9
Prefácio – *D'Alembert Jaccoud* 15
Prólogo 19

Capítulo 1 23
Capítulo 2 25
Capítulo 3 27
Capítulo 4 29
Capítulo 5 33
Capítulo 6 37
Capítulo 7 39
Capítulo 8 43
Capítulo 9 53
Capítulo 10 61
Capítulo 11 67
Capítulo 12 71
Capítulo 13 75
Capítulo 14 81
Capítulo 15 87
Capítulo 16 91
Capítulo 17 97

Capítulo 18 105
Capítulo 19 109
Capítulo 20 113
Capítulo 21 117
Capítulo 22 119
Capítulo 23 125
Capítulo 24 129
Capítulo 25 133
Capítulo 26 139
Capítulo 27 143

Epílogo 147
Referências Bibliográficas 155

AGRADECIMENTO

ESTA PÁGINA COSTUMA ESTAR RESERVADA PARA HOMENAGEAR AS PESSOAS que ajudaram a fazer o livro. A todas essas agradeci pessoalmente, atendendo às regras da boa educação. Aqui estão citados jornalistas e políticos, boa parte já falecidos. Os jornalistas foram companheiros de trabalho que, além de terem me ensinado muito das técnicas e das manhas da profissão, ensinaram-me sobretudo, com palavras e/ou exemplos, a encarar a política e os políticos com seriedade, realismo e objetividade. Não privei da amizade de todos os políticos aqui arrolados, nem são eles todos os políticos de fina extração e comportamento impecável que conheci. Estes formam legião imensa, que seria impraticável citar dispondo apenas desta página. Estes nomes aqui estão porque seus titulares foram protagonistas de episódios de que participei, ou testemunhei, alguns muito importantes para o país, outros muito importantes apenas para mim, quem sabe para eles também:

Adauto Lúcio Cardoso
Afonso Arinos
Almino Afonso
Carlos Castello Branco

Cid Franco
Clidenor Freitas
D'Alembert Jaccoud
Daniel Krieger

Djalma Marinho
Edgar da Mata Machado
Elio Gaspari
Evandro Carlos de Andrade
Fernando Santana
Franco Montoro
Hilário Torloni
Israel Pinheiro
Jacob Frantz
José Ermírio de Morais
José Maria Alckmin
Juscelino Kubitschek
Lúcio Pavan

Marco Antônio Coelho
Mário Covas
Mário Mazzei Guimarães
Martins Rodrigues
Oliveira Brito
Paulo de Tarso Santos
Pedro Aleixo
Rubens Paiva
Salvador Fernandes
Temperani Pereira
Thales Ramalho
Ulysses Guimarães
Walter Ribeiro

Democracia não é predominância da maioria. Não é ditadura da maioria. Democracia, pelo contrário, é sempre uma conciliação entre maioria e minoria (1947).

A democracia não é somente eleição. Pode haver eleição sem democracia. É da História: muitos dos piores despotismos têm tido origem em eleições ou plebiscitos. Democracia é governo segundo a opinião pública (4 de abril de 1964).

Conquanto abafado, paralisado, humilhado pelo poder dos poderes, é ele (o Congresso Nacional) a grande caixa de ressonância, onde chegam e tomam voz as aspirações nacionais. Oxalá não o esqueçam nunca mais os cidadãos desta malfadada República (31 de agosto de 1966).

ESSAS FRASES FORAM PRONUNCIADAS POR RAUL PILLA (1892-1973) NA TRIbuna da Câmara dos Deputados, em diferentes momentos de sua longa carreira parlamentar (de 1946 a 1966). Deputado federal pelo Rio Grande do Sul, foi obstinado defensor de um ideário político cujas raízes estavam solidamente plantadas nas lutas, guerras e tradições gaúchas, no qual o sistema parlamentar de governo despontava como a flor mais viçosa. A cada legislatura para a qual era eleito, apresentava proposta de emenda constitucional para estabelecer aquele sistema de governo e passava os quatro anos seguintes só falando e pensando naquilo. Encontrei-o dois ou três dias depois de o Congresso ter aprovado sua emenda, cheia de retoques, apressadamente, em 1961, para aplacar os temores militares com a posse de João Goulart na Presidência da República, após a renúncia de Jânio Quadros. Éramos os dois únicos clientes para o almoço em uma tosca casa de pasto de Brasília, num ensolarado domingo em que, como era praxe na época, raríssimos políticos ficaram na capital da República. Acomodados em bancos altos, junto ao balcão de madeira rústica, servidos por um garçom de mãos e avental de higiene duvidosa, saboreamos o mesmo singelo prato do dia – espaguete com molho de tomates.

Sondei-lhe o grau de felicidade com o projeto histórico finalmente incorporado à Constituição. Respondeu-me, com um olhar cansado, melancólico talvez, sem entusiasmo: "Não sei não, meu filho".

Pressentia que aquele parlamentarismo recauchutado seria um fracasso (como foi), provocaria um enorme retrocesso na sua cruzada (como provocou) e ele teria de recomeçar a partir do zero. No fim do último mandato, em 1966, plena ditadura embora o Congresso funcionasse, discursou despedindo-se da vida pública, com o mesmo olhar cansado e melancólico daquele almoço, anunciando "não ter como nem porque continuar representando a melancólica farsa da representação neste regime".

É importante atentar para a data de cada frase acima citada: a primeira, quando se inaugurava um regime democrático depois de quinze anos de governo de uma só pessoa; a segunda, quando se instalava um governo sem eleição, que ele (e muitos outros com ele) acreditava viesse salvar a democracia; a terceira quando, extinto seu heróico Partido Libertador ("Partido pequeno, porque verdadeiro. Partido verdadeiro, porque pequeno"), vigente um novo Ato Institucional que dava poderes ilimitados ao marechal presidente, rendeu-se à evidência de que pode, realmente, haver ditaduras nascidas de eleição popular, mas são exceções. Enquanto todos os governos nascidos sem eleição são ditaduras, sem exceção.

PREFÁCIO
DA POLÍTICA E DOS POLÍTICOS

NENHUMA ATIVIDADE HUMANA É MAIS EXPOSTA DO QUE A POLÍTICA. Provavelmente, por isso mesmo, nenhuma outra é tão desconhecida do grande público. As pessoas lêem sobre política e discutem os fatos de cada dia, que bem ou mal lhes chegam pelos meios de comunicação. Mas nem todas têm tempo para meditar sobre as razões que fizeram surgir o Estado e a autoridade, os parlamentos e os governos, os impostos e a polícia, enfim, as leis e as normas de convívio entre as pessoas, dentro de seu próprio país e nas relações com os outros países.

O livro de Almyr Gajardoni, um dos melhores jornalistas brasileiros de sua geração, é um agradável passeio intelectual na história das idéias e ação política, dos fundamentos democráticos do mundo greco-romano ao Brasil de nossos dias. Mas, além de tudo, é uma defesa da política, até mesmo quando narra as suas dificuldades. Essas dificuldades fazem lembrar a advertência velha, de que os conflitos fazem parte do humano viver. Se os conflitos fazem parte do humano viver, a missão da política, desde a sua origem, é a de administrar os conflitos.

Almyr diz, em seu livro, que desde o advento da Constituição de 1988 "o Brasil é um Estado liberal" e que, por conseguinte, "mesmo que isso não agrade a alguns, todos quantos se aventuram à conquista de um mandato eletivo são liberais, de carteirinha e diploma assinado". Temo que, nessa generalização, ele se tenha permitido um equívoco, porque há liberais e *liberais*.

O termo "liberal", em política, ao definir a liberdade, encontra muitas interpretações. Liberdade, sim, mas para quem e para quê? A Aliança Liberal, de 1930, propunha-se a libertar o Brasil dos métodos políticos da República Velha, mas também promover o desenvolvimento e construir a soberania do País. O novo liberalismo, em meu entender, pretende apenas a liberdade de mercado, o direito de o capital ditar suas regras ao Estado, para torná-lo seu servidor submisso. O Estado deixa de exercer o dever de arbitrar os conflitos em nome da justiça e dos ideais humanistas de igualdade e de fraternidade, e passa a arbitrá-los em favor dos muito ricos. Os novos liberais não esconderam, nunca, o propósito de dominar o Estado e erodi-lo. Não é por acaso que a Organização Mundial do Comércio está hoje propondo a privatização dos serviços de saúde e de educação, como havia proposto antes, e obtido, a privatização de outros serviços públicos, como os de energia elétrica e telecomunicações.

O novo liberalismo, mais do que o antigo liberalismo econômico do século 19, despreza os ideais humanísticos do Ocidente, estabelecidos pelos gregos e pelos cristãos, e substitui a solidariedade pela competitividade e os trabalhadores pelos robôs. Esse ideário perverso, ao promover o desemprego, e incentivar a disputa pelo êxito falso, que se revela no consumo, estimula a violência e expele da sociedade contemporânea milhões e milhões de seres humanos, relegando-os a condições primitivas de sobrevivência, e os condenando à fome e a uma nova forma de genocídio.

A esse novo liberalismo aderiu Fernando Henrique Cardoso, que o vem implantando conscientemente em nosso País. Valendo-se de instrumentos constitucionais, previstos unicamente para graves situações de emergência – as medidas provisórias –, e se aproveitando da não regulamentação de dispositivos nucleares, como o artigo 192 da Carta de 1988, o presidente promoveu o desmantelamento da ordem política e econômica que jurara defender. Pouco a pouco foi construindo maioria parlamentar submissa, capaz de aprovar emendas constitucionais que desfiguraram a Constituição e comprometem os fundamentos do Estado Republicano e Federativo, tal como eles foram estabelecidos em 1891.

Assim conseguiu revogar totalmente o artigo 171 da Constituição de 1988, que definia a identidade das empresas nacionais para efeito da lei. Esse dispositivo, sugerido por Barbosa Lima Sobrinho na Comissão de Estudos Constitucionais criada por Tancredo Neves, e acolhido pelos constituintes graças à veemente defesa que dele fez o senador Severo Gomes, seria um obstáculo à privatização da Vale do Rio Doce, à concessão de jazidas de petróleo e de outros minerais e ao financiamento com dinheiro do FAT, via BNDES, a empresas estrangeiras que, mediante esse golpe constitucional, passaram todas a ser "brasileiras". Da mesma forma, mediante manobras não muito claras, conseguiu romper uma tradição centenária e impor o instituto da reeleição para os detentores de cargos executivos, em seu próprio e preponderante interesse.

Depois de Fernando Henrique, qualquer que venha a ser o liberal (em seu sentido político clássico) a eleger-se presidente da República, terá que agir com redobrada determinação e coragem a fim de obter a recuperação do poder que o Estado perdeu nestes últimos oito anos. Só assim parece possível retomar o desenvolvimento econômico – ou a "Construção Interrompida", conforme o lúcido ensaio de Celso Furtado –, reencontrar as tradições de solidariedade de nosso povo e a ele devolver a esperança e a paz.

Feita essa observação pessoal, fica o meu entusiasmo pelo livro. Ele não só reflete a erudição histórica de Almyr Gajardoni, mas revela a virtude profissional de síntese e do bom estilo literário. A linguagem é tanto mais comunicativa, quanto mais direta. Literatura e jornalismo se encontram nesse campo comum, o de dizer as coisas de tal forma que todos as entendam bem, e com prazer.

É assim o livro de Almyr Gajardoni.

D'Alembert Jaccoud

PRÓLOGO

ACOMPANHO A POLÍTICA BRASILEIRA DESDE 1955, ANO EM QUE ME TORnei jornalista e Juscelino Kubitschek foi eleito presidente da República num ambiente assaz perturbado e agitado. Dez anos antes o país saíra de uma longa e tenebrosa ditadura pessoal, e com o sorridente JK nossa incipiente democracia parecia tomar corpo. Não tomou. Mais dez anos e estávamos outra vez sob uma ditadura, desta vez escancaradamente militar – durante 22 anos os presidentes da República foram marechais e generais, eleitos por um Congresso Nacional que recebia o nome escolhido dentro dos quartéis apenas para referendá-lo protocolarmente.

Escrevi este livro para tratar da democracia, não da ditadura. Nele abuso de sua paciência retrocedendo à Grécia antiga, onde ela começou a ser praticada. Avanço pelo tempo para destacar alguns momentos muito especiais na história do nosso mundo ocidental e cristão em que os ideais de liberdade e participação de todos no governo ganharam impulso. É possível perceber que esses momentos de liberdade e participação coincidem com os períodos em que a cultura, a ciência e a civilização registraram progressos notáveis. Ou coincidem, pelo menos, com o momento em que foram estabelecidas as bases para o desenvolvimento desses períodos de prosperidade, embora o seu desfrute se desse sob o comando de governantes despóticos, ainda que algumas vezes esclarecidos.

Continuo abusando de sua paciência tentando mostrar a trajetória da democracia liberal ao longo da história do Brasil, onde também os momentos de seu apogeu coincidiram com o apogeu da civilização, da cultura, do avanço social e econômico. Basta-me lembrar, como exemplo, os cinco anos de JK – as metas de um plano administrativo ambicioso executadas quase à perfeição, a indústria automobilística, a bossa nova, o cinema novo, o primeiro campeonato mundial de futebol, Brasília.

Nós éramos muito felizes e não sabíamos – e assim na sucessão votamos em seu adversário, que prometia devassas, inquéritos e cadeia para os ladrões que, segundo ele, pululavam na administração pública. Pobres de nós. Fomos capazes de acreditar que a administração de um país que se desenvolvia, tornava-se mais culto, inovava na música, no cinema, nas artes plásticas, acelerava o crescimento e a modernização tanto da agricultura quando da indústria, pudesse estar dominada por pessoas desonestas e incompetentes. Esse sucessor ensandecido conseguiu tão-somente plantar as sementes para colhermos, pouco depois, mais uma ditadura.

Tento escrever de forma leve, tanto quanto possível divertida. Tudo muito curto. Quero prender sua atenção. Mas apresento algumas coisas chocantes, outras desagradáveis. Democracia não é uma religião, nem os partidos políticos e as casas onde operam o Executivo, o Legislativo e o Judiciário mosteiros para onde devemos mandar santos e eremitas. A democracia é apenas um sistema de governo que exige – por favor, atente para o fato de que escrevi *exige* e não *permite* – a participação

NÃO SE OFENDAM OS MUITOS Antônios Silva que vivem por aí. Uso o nome muito comum para registrar a indispensável participação no governo democrático de toda a imensa maioria de gente anônima que integra aquela gigantesca entidade chamada povo brasileiro.

de todos quantos integram essa imensidão que chamamos povo brasileiro, onde estão o senhor Antônio Ermírio de Morais, com sua fortuna, o senhor Antonio Candido, com sua cultura, e milhões de senhores ANTÔNIO SILVA com suas pobreza e ignorância.

Critico nossa obsessiva preocupação com a eleição do presidente da República, do governador, do prefeito, e o tranqüilo desinteresse, melhor diria indiferença, com que escolhemos o deputado e o vereador. A casa legislativa, e não a casa executiva, é o centro do governo democrático. É onde está o seu representante – os representantes do rico Antônio Ermírio de Morais, do sábio Antonio Candido e do pobre e ignorante Antônio Silva – para defender os interesses dos ricos, dos sábios, dos pobres e dos ignorantes.

São interesses conflitantes, com certeza. Você vai ver no arrazoado histórico que produzi como foi o lento desenvolvimento dessa instituição, o Parlamento, como local onde se conciliam interesses assim conflitantes, pela negociação. É apenas o que se faz na casa legislativa – negociar e conciliar. O presidente da República, com sua imensa quantidade de votos e o poder de administrar uma fantástica quantidade de dinheiro e de recursos, com certeza causa distorções nesse processo. Mas mesmo com toda essa força, ele é um subordinado da casa legislativa e para governar precisa conquistar o apoio dos partidos que nela formaram poderosas bancadas de representantes do povo. Conquista esse apoio cedendo-lhes parte do seu imenso poder administrativo – Ministérios, cargos, verbas orçamentárias. Isso não é, como se costuma fazer crer, um pecado do regime democrático – ao contrário, é sua grande, com certeza sua maior virtude.

CAPÍTULO 1

Onde se Conta qual Povo Usou Primeiro a Democracia como Forma de Governar, em Assembléias Intermináveis, Cheias de Discursos Longos e Chatos

A democracia grega surgiu em Atenas por volta do ano 600 a.C., com o código de Sólon. Foi um período muito movimentado e criativo. Padronizou-se a moeda, desenvolveram-se o comércio e a economia, os filósofos começaram a explicar a natureza do mundo físico e os poetas criaram a poesia lírica, que celebra o amor e a coragem.

Democracia significa governo pelo povo, ou do povo. Os gregos antigos, inventores do sistema e da palavra, praticavam-no em sua forma mais primitiva: os cidadãos reuniam-se na praça pública e decidiam o que fazer. As decisões eram tomadas por consenso: todas as pessoas presentes deviam concordar com elas. Podemos imaginar que as reuniões eram terrivelmente longas e aborrecidas, por isso logo passou-se a admitir que quando o consenso fosse impossível, adotava-se a solução preferida pela maioria, o que se revelou mais sensato e funcional.

O sistema só deu certo naquele tempo porque as cidades gregas tinham populações pequenas, não mais de dez mil habitantes. No período áureo da democracia ateniense, por volta de 450 a.C., a população devia chegar a uns sessenta mil habitantes. Mas como mulheres, crianças, adolescentes, escravos e estrangeiros não tinham direito de participar das decisões, as assembléias funcionavam razoavelmente bem. Os cidadãos podiam ser eleitos para uma vasta quantidade de cargos, com funções executivas, judiciárias e até militares, respondendo diretamente à asssembléia pelos seus atos. Quando alguém não parecia eficiente à maioria, era deposto e outro cidadão eleito para seu lugar.

Os gregos tinham orgulho do seu sistema de governo, muito mais avançado do que os dos outros povos. Em toda a parte, o poder era conquistado pela força e os governantes tratavam de perpetuar-se invocando a ajuda dos deuses, manifestada pelos seus representantes na terra, os sacerdotes. Pode-se imaginar o que havia de conchavos e acertos entre governantes e sacerdotes para que o sistema funcionasse. As leis baixadas por esse poder de origem divina eram, elas próprias, divinas, quer dizer, imutáveis. Os gregos, ao contrário, faziam suas próprias leis na assembléia, sabiam que elas eram humanas, por isso podiam ser mudadas quando necessário.

Os cidadãos eram estimulados a participar ativamente das assembléias. Os que não se interessavam pelo debate dos assuntos públicos eram chamados "idiotas", que naquele tempo significava "dedicados a interesses particulares". Os que se destacavam na atividade política, mostrando-se hábeis em conquistar o apoio da maioria para suas idéias, eram chamados "demagogos", que também tinha significado diferente do que tem agora: eram os condutores do povo, ou líderes, que comandavam as assembléias e obtinham o consenso para as decisões. Os gregos tinham uma civilização muito mais avançada do que as dos povos seus contemporâneos, e não apenas na política. Artistas e estudiosos gregos do tempo dos governos democráticos produziram obras soberbas em vários campos – arquitetura, escultura, poesia, teatro, matemática e, sobretudo, filosofia. Até hoje são admiradas, consideradas pilares básicos para o desenvolvimento da cultura de que hoje desfrutamos no mundo ocidental.

CAPÍTULO 2

Aqui se Aprende que a Mais Longa Democracia Floresceu em
Roma, mas, Graças aos Militares, Acabou numa
Ditadura, Igualmente Longa

Mas um sistema de governo não é uma invenção como outra qualquer, digamos a roda, a máquina a vapor ou a lâmpada elétrica, que dependem apenas do engenho de uma pessoa imaginativa. Supõe-se que nas sociedades mais antigas, das quais não há registro histórico, fosse regra a participação de todos nas decisões públicas. Eram agrupamentos pequenos, viviam da caça e da coleta de frutos e raízes, mudavam de território constantemente, as pessoas eram socialmente iguais e tinham os mesmos interesses. Que se resumiam em um, principal: sobreviver. A democracia seria, portanto, o regime natural de governo.

Quando os grupos começaram a se fixar em um território, desenvolvendo a agricultura, a criação de animais, o comércio e as relações com outros grupos semelhantes, acabou-se a igualdade: uns ficaram mais ricos, outros mais sábios, outros mais espertos. A hierarquia tornou-se a regra natural e surgiram os governos baseados em oligarquias, aristocracias, monarquias. Em geral, despóticos, opressores da maioria da população, não incluída nas castas mais elevadas.

Por volta do ano 500 a.C. ressurgiram algumas das condições que tornaram possível a participação de mais pessoas nas decisões públicas. Isso aconteceu especialmente nas cidades-Estado, com populações pequenas. As gregas foram as pioneiras, como já vimos no capítulo anterior, mas não as únicas. Ali perto, no Mediterrâneo, a ainda obscura cidade de Roma desenvolveu uma estrutura de governo parecida, chamada *res publica*, coisas públicas, ou negócios públicos. No começo, apenas os cidadãos pertencentes ao grupo dos patrícios, os aristocratas da época, participavam das assembléias que tomavam decisões. Depois de muita luta, os plebeus, ou seja, a gente comum, conquistaram também esse direito.

Ao contrário dos gregos, os romanos foram expandindo seu território, fazendo conquistas e mais conquistas, mas não pensaram em adaptar seu sistema de governo a essa nova situação. Chegou um momento em que um país imenso, com territórios espalhados pelo mundo conhecido da época, era governado por uma democracia na qual o direito de voto só podia ser exercido em Roma. O número dos que não participavam das decisões era imenso. Não podia dar certo. Ainda mais porque Roma estava permanentemente envolvida em guerras, para conquistar novos territórios ou manter os já conquistados, e com isso os militares foram ganhando cada vez mais destaque. Júlio César, comandante de muitas vitórias, obrigou o Senado a dar-lhe o título de ditador e depois de seu assassinato, em 44 a.C., os governantes passaram a depender cada vez mais do poder militar.

A democracia desapareceu, e passaram mil anos antes que despontassem condições para que começasse a ressurgir.

Júlio César conquistou a Gália em dois anos de luta e se tornou muito popular, entre os soldados principalmente. Quando o Senado ordenou que deixasse o comando das tropas, ele atravessou o Rio Rubicão, pronunciou a frase famosa – "A sorte está lançada" – e acabou com a democracia, que já não era lá essas coisas.

CAPÍTULO 3

Já naquele Tempo, o Povo Unido (e Organizado) jamais
Era Vencido

Essa simpática democracia greco-romana foi um clarão fugaz na história da humanidade. Sem dúvida era um sistema complicado de governar. Quase todos os formadores de opinião daquele tempo, FILÓSOFOS, poetas, dramaturgos, não simpatizavam com ele – preferiam que os governantes fossem homens eruditos como eles.

Lá pelo ano 1100 o governo em que boa parte dos cidadãos influía na tomada de decisões sobre os negócios públicos começou a ressurgir, outra vez nas cidades-Estado, principalmente nas do norte da Itália, como Florença e Veneza. No começo, participavam das assembléias apenas os membros das famílias das classes superiores, nobres, grandes proprietários, milionários. Com o tempo, o pessoal das categorias mais baixas, pequenos mercadores, banqueiros, artesãos que se reuniam em guildas, começou a reivindicar o direito de dar sua opinião. As guildas eram poderosas corporações capazes de armar violentas rebeliões, por isso foram atendidos. Já naquele tempo se sabia que o povo unido jamais será vencido. Infeliz-

Para dois dos mais afamados filósofos gregos daquela época não era questão apenas retórica. Platão passou bom tempo em Siracusa tentando preparar o herdeiro do trono, Dionísio II, para bem exercer o governo. O início foi promissor, mas logo o jovem desinteressou-se da cultura e ele voltou para Atenas. Pouco mais tarde Aristóteles passou três anos na Macedônia, como tutor do jovem Alexandre, que viria a ser um grande conquistador, mas nada teve de poeta ou filósofo.

mente para a democracia, a nova moda das cidades-Estado durou pouco. Aí pela metade do século XIV povos que falavam a mesma língua e habitavam o mesmo território foram se organizando em países e embora persistisse em quase toda parte a prática das assembléias de cidadãos, elas já não decidiam coisas importantes. O poder real estava com a aristocracia, reduzido conjunto de famílias proprietárias de grandes extensões de terra, de onde saíam os REIS QUE, teoricamente, NÃO PRECISAVAM PRESTAR CONTAS DOS SEUS ATOS a ninguém, apenas a deus. Agora o deus cristão, representado por uma igreja que se espalhava por toda a Europa e boa parte do Oriente, com um comando centralizado em Roma, na figura do papa.

Para evitar os riscos dos casamentos entre parentes muito próximos, os herdeiros dos tronos costumavam buscar esposas nas famílias reais de outros países. Isso provocou uma grande confusão de linhagens, ainda mais porque normalmente os maridos sobreviviam a várias esposas, devido aos riscos da maternidade, e tinham filhos com todas elas. Assim, quase sempre havia mais de um pretendente a um trono vago. Esses conflitos acabavam em GUERRAS, que custavam muito dinheiro – e a conta era paga pela nobreza, em primeiro lugar, e pelo povo em geral, que trabalhava para os nobres.

O REI ERA CONSIDERADO representante de deus, consagrado não apenas pelo nascimento numa família real, mas pelos ritos religiosos de sua coroação. Por isso estava acima da lei – para a igreja, era o único mortal que podia derramar sangue alheio sem cometer pecado.

EM 1337 O REI DA INGLATERRA, Eduardo III, comunicou ao rei da França, Filipe de Valois, que não reconhecia seu direito ao trono daquele país, e pretendia ele próprio governá-lo. O incidente marcou o início da Guerra dos Cem Anos, funesta sucessão de batalhas sangrentas, só encerrada em 1492 por descendentes longínquos dos que a começaram, um dos quais era uma mulher – Joana D'Arc.

CAPÍTULO 4

Como a Guerra Ajudou a Consolidar a Força e o Prestígio do Parlamento

SE VOCÊ FEZ AS CONTAS COM OS NÚMEROS QUE ENCERRARAM O CAPÍTULO anterior, terá visto que a Guerra dos Cem Anos na verdade durou mais de 155. Nesse século e meio de batalhas, idas e vindas, grandes despesas, os reis nela envolvidos, ingleses principalmente, tiveram de enfrentar outras lutas acirradas além daquelas que seus soldados travavam nos campos da guerra. Os adversários eram os REPRESENTANTES dos diversos condados dos seus países, reunidos numa assembléia que já começava a ser chamada parlamento, sempre inclinados a negar os recursos financeiros de que necessitavam para os exércitos.

Esse antepassado direto das atuais casas legislativas, que são a principal instituição das democracias modernas, não nasceu com a guerra. O hábito de o soberano convocar representantes dos condados e das várias categorias sociais, sempre que precisava adotar alguma providência mais importante, como cobrar mais impostos, começara com Eduardo I, da Inglaterra, um século antes. Isso já era prática comum em outros reinos da Europa, mas foi na Inglaterra que a assembléia

> VAMOS FIXAR BEM ESSE PORMENOR: estavam nas assembléias representantes dos cidadãos, e não os cidadãos pessoalmente, como acontecia na Grécia. Essa foi a sacada genial que, séculos depois, tornou possível o advento da democracia moderna.

de representantes se consolidou, tornou-se poderosa a ponto de se contrapor, em muitos casos, ao poder real. Por isso costuma-se apontar a Inglaterra como local de NASCIMENTO DO PARLAMENTO. A guerra, com suas crescentes exigências de mais e mais dinheiro, só fez consolidar e aumentar o poder ainda incipiente dessas casas de representantes.

PRATICAMENTE DESDE O início, na Inglaterra a assembléia dos representantes estava dividida em duas casa: uma representava os nobres, a outra os cidadãos comuns. Não os muito comuns, apenas os que não tinham títulos de nobreza, mas tinham dinheiro: mercadores, banqueiros, comerciantes, gente já com posses respeitáveis, sujeita à cobrança de impostos.

> *[...] nem existe ninguém em torno do rei que*
> *[...] lhe dê conselhos leais e aproveitáveis...*

No ano de 1376, em plena Guerra dos Cem Anos, reuniu-se o Parlamento inglês em Westminster, já dividido em duas casas, a dos lordes e a dos comuns. Estes levaram amargas queixas àqueles: o país estava em crise, os exércitos sofriam derrotas, as finanças iam mal e a corrupção grassava entre os conselheiros do rei. Eis um trecho da sua petição:

> Numerosos crimes e extorsões são cometidos por várias pessoas e pelos quais não tivemos nenhuma reparação. Nem existe ninguém em torno do rei que lhe diga a verdade, ou lhe dê conselhos leais e aproveitáveis, mas escarnecem, zombam e trabalham sempre em proveito próprio. Declaramos portanto que não faremos nada mais até aqueles que cercam o rei, traidores e maus conselheiros, serem demitidos de seus cargos, e até que nosso senhor rei designe como novos membros de seu conselho homens que não se furtarão a dizer a verdade e a realizar reformas.

Argumentação convincente. E com certeza os representantes tinham força para fazer tais exigências, pois elas foram atendidas: os conselheiros corruptos foram demitidos, nomearam-se outros para seus lugares e durante algum tempo não foram cobrados novos impostos. O prestígio da câmara dos comuns crescia e o parlamento tornava-se o local onde se faziam as leis e se discutiam os grandes negócios do Estado.

CAPÍTULO 5

Com a Discussão de todas as Coisas, Nasceram os Direitos e Garantias Individuais

O SÉCULO XVIII FOI UM PERÍODO MUITO ESPECIAL NA HISTÓRIA DA CIVIlização ocidental. Estava concluída a retomada da cultura clássica grega e romana, mais ou menos esquecida durante a longa Idade Média. As formulações de Aristóteles sobre retórica, poética e filosofia, o sistema de lógica proposto por Platão – guia para testar o valor das idéias pelo simples exercício da razão – eram bem conhecidas e exercitadas pelos novos filósofos, os amigos da sabedoria, segundo o significado da palavra grega que os designava. Era hora, portanto, de avançar.

Em toda a Europa, duas pequenas palavras tornaram-se o mote dos estudiosos: por quê? Todas as certezas tradicionais foram postas em questão – deus, a igreja, o poder divino dos reis, a estrutura do universo, a obediência cega às autoridades. Os alemães descobriam a palavra certa para designar os novos tempos – *Die Aufklärung*, o Iluminismo. "Ouse conhecer, tenha coragem de usar sua inteligência", pregava o filósofo alemão Immanuel Kant. Muita gente usou, e dessa coragem coletiva surgiram audaciosas propostas para mudar o mundo. Não é de admirar, portanto, que o Século das Luzes, como ficou conhecido o dezoitão, terminasse com duas revoluções que realmente mudaram tudo, em matéria de política, governo e organização social.

A guerra da independência dos Estados Unidos durou cerca de oito anos (1775-1783). Uma singela, tocante declaração de independência foi aprovada por representantes de treze Estados (colônias) em 4 de julho de 1776. Ela explica por que as colônias se separavam da Inglaterra, afirma a crença em que todos os homens são iguais, dotados pelo Criador de direitos inalienáveis, entre os quais estão os direitos à vida, à liberdade e à busca da felicidade. O mais importante veio no parágrafo seguinte:

> Os homens criam governos para assegurar esses direitos e o seu justo poder emana do consentimento dos governados. Sempre que uma forma de governo começa destruindo esse objetivo, o povo tem o direito de modificá-la ou de aboli-la e de estabelecer novo governo.

A Revolução Francesa foi mais curta – formalmente, durou de 1789 a 1791. Na verdade, revoltas aconteceram desde muito antes, e a definitiva ORGANIZAÇÃO DO NOVO ESTADO entrou pelo século seguinte.

Ela também teve uma DECLARAÇÃO, aprovada pela Assembléia, cujos integrantes invocaram sua condição de "representantes do povo francês". No primeiro artigo proclamava que os homens nascem e permanecem livres e com iguais direitos, que enumera: direito à liberdade, à propriedade, à segurança e de resistência à opressão. O mais importante, tal como na declaração americana, veio a seguir:

> A fonte da soberania repousa essencialmente na nação. Nenhuma corporação, nenhuma pessoa pode exercer qualquer autoridade que não emane dela expressamente.

A ASSEMBLÉIA NACIONAL FOI sendo dominada, sucessivamente, por grupos cada vez mais radicais e menos representativos da opinião média do povo francês. Por isso não pôde evitar um breve restabelecimento do poder real, depois de ser assolada pela ditadura imposta por um general competente, Napoleão Bonaparte.

O ARTIGO 11 DA DECLARAção francesa proclamou a livre manifestação do pensamento um dos direitos mais preciosos do homem. Todos podem "falar, escrever e publicar livremente, exceto quando isso corresponder a um abuso dessa liberdade, em casos determinados pela lei".

Brasileiro Pediu Ajuda ao Autor da Declaração da Independência

Em 23 de agosto de 1775 o rei Jorge III declarou rebeldes os colonos americanos, prometendo puni-los como traidores. Os americanos romperam de uma vez com a Inglaterra e imediatamente organizaram uma comissão para redigir a proclamação da independência. Ela tinha cinco membros, mas um deles, Thomas Jefferson, rico advogado e fazendeiro da Virgínia, de 33 anos, encarregou-se praticamente sozinho da tarefa. Seu texto sofreu poucas alterações, a mais profunda das quais foi a retirada do parágrafo condenando o tráfico de escravos. Apesar de ser proprietário de escravos, Jefferson a colocou no documento, mas o Congresso de representantes das colônias decidiu retirá-la, para garantir o apoio dos Estados do sul.

Jefferson foi governador da Virgínia, primeiro secretário de Estado dos Estados Unidos e terceiro presidente da República. Findo o mandato, retirou-se para sua fazenda, onde cuidou especialmente da implantação da Universidade da Virgínia. Entre 1784 e 1789, cumpriu diversas missões diplomáticas na Europa, como representante do governo americano. Em 1786, ministro plenipotenciário na França, concordou em receber um estudante de medicina brasileiro, José Joaquim da Maia, ardente conspirador que lutava pela independência do Brasil, participando do que poderíamos chamar de uma célula da Inconfidência Mineira formada por estudantes na Europa (França e Portugal). Ingênuo, Maia acreditou que poderia convencer o influente autor da declaração da independência americana a defender, junto ao governo dos Estados Unidos, a concessão de auxílio material para a luta no Brasil – armas, munições, navios, soldados, suprimentos. E anunciava que os brasileiros poderiam empregar 26 milhões de dólares na guerra, provenientes da produção de ouro, diamantes e açúcar de todo um ano.

Eles conversaram enquanto percorriam as ruínas romanas

vizinhas à cidade de Nimes, capital do departamento francês de Gard. Jefferson interrompera ali sua viagem a Aix-en-Provence, também no sul da França, onde passaria as férias de inverno, especialmente para conversar com o estudante brasileiro.

É vossa nação a que julgamos mais apropriada para dar-nos socorro, não somente porque ela nos deu o exemplo como também porque a natureza nos fez habitantes do mesmo continente e, por conseqüência, compatriotas, [discursou Maia].

Jefferson manifestou simpatia pelo ímpeto brasileiro, mas não prometeu nada. Disse que a revolução deveria ser feita pelos brasileiros, e aí, sim, os Estados Unidos poderiam prestar alguma ajuda. Naquele momento não havia possibilidade de envolver-se o país numa nova guerra, tanto mais que se havia conseguido um acordo vantajoso com Portugal. Mas levou a conversa muito a sério, tanto que escreveu ao Departamento de Estado, contando do encontro e explicando sua atitude reservada.

CAPÍTULO 6

Veio a Democracia e com Ela um Problema: Que Fazer com os Reis?

Para se estabelecer no mundo moderno, como vimos, a democracia começou disputando um pedacinho do poder dos reis, que era absoluto. E disputava tentando incluir no Governo a casa dos representantes do povo. Esse pedacinho de poder foi crescendo, com o tempo. E quando, no fim do século XVIII, o Século das Luzes, as revoluções americana e francesa puseram fim ao poder absoluto dos reis, estabeleceram que dali em diante o poder de governar viria do povo, e de nenhum outro lugar.

O parágrafo único do artigo 1º da Constituição da República Federativa do Brasil, aprovada pela Assembléia Nacional Constituinte em 1988, declara expressamente: "Todo o poder emana do povo, que o exerce por meio de representantes eleitos ou diretamente, nos termos desta Constituição".

Alguns países mantiveram os seus reis: a Inglaterra, a Suécia, o Japão, onde seu título é imperador, são alguns deles. Mas desde logo ficou claro que eles permaneciam apenas como uma espécie de símbolo da nação, uma tradição; o poder de governar passou inteiramente para o Parlamento. A maioria dos países adotou o regime republicano, com um presidente eleito diretamente pelo povo, para cumprir um mandato temporário, em substituição ao rei.

Reinos ou repúblicas, quase todos radicalizaram, adotando o que se chamou sistema parlamentar de governo. Nele, o

Parlamento, que originariamente exerce o Poder Legislativo – aquele que aprova as leis –, assume também o Poder Executivo –, aquele que executa as leis aprovadas pelo Parlamento. Faz isso por meio de um Gabinete de Ministros, formado por parlamentares, que exerce o poder enquanto tiver o apoio da maioria do Parlamento. Quando perde esse apoio, o Gabinete é dissolvido e outro se organiza sempre com base na maioria parlamentar. Se persistir a dificuldade para organizar um Gabinete apoiado pela maioria, dissolve-se o Parlamento, e devolve-se ao povo a tarefa de eleger novos parlamentares que sejam capazes de compor uma maioria estável.

Os Estados Unidos preferiram fazer diferente. Lá o Poder Executivo é exercido pelo presidente da República, sem que haja interferência direta do Parlamento nas suas atividades. O presidente cumpre um mandato de tempo fixo (quatro anos, com direito a uma reeleição). Os países latino-americanos, de modo geral, seguiram o exemplo americano, com desastrosas conseqüências. O que lá produziu um governo eficiente, oriundo de um regime democrático com profunda participação de grande parte da população em todos os assuntos, aqui frutificou numa penca de governos autoritários e corruptos, oriundos de oligarquias estreitas e pouco representativas, que não raro descambaram para ditaduras tão violentas quão incompetentes.

CAPÍTULO 7

Onde Fica Claro que o Chato da Democracia são os Outros, que Teimam em Pensar Diferente da Gente

Até aqui mostramos muito por alto a lenta caminhada da humanidade para chegar à democracia como a melhor forma de governo. Ela é mais do que isso – é a melhor, talvez a única forma de tornar possível a vida pacífica em sociedade. Por isso diz respeito tanto ao governo de um país enorme, desenvolvido e diversificado como os Estados Unidos, quanto à administração do condomínio de um edifício de apartamentos, ou de uma associação de pessoas que se proponham fazer alguma coisa de interesse comum.

No esboço histórico ficou claro que, no começo, o grande problema da democracia eram os reis. Habituados a exercer um poder incontrastado, eles fizeram tudo para não conceder aos cidadãos o direito de dar palpites na administração. Mas acabaram se acostumando com as assembléias de representantes do povo, e as coisas caminharam. Vamos ver aí adiante que os "reis" continuam sendo um grande problema para a democracia. Mas já não são o maior.

O maior problema nas democracias modernas é o "outro".

Melhor ainda, os "outros". Pegando um exemplo simples com o futebol: é incompreensível que tantas pessoas, algumas até inteligentes e cultas, torçam para o Palmeiras, quando está na cara que o Corinthians é o melhor time do mundo. Todos deviam torcer para o Corinthians. Se você não vive em São Paulo, troque os nomes – ponha Internacional e Grêmio, Vasco e Flamengo, Atlético e Cruzeiro, Santa Cruz e Sport. Parafraseando a matemática, o nome dos fatores não altera o significado do raciocínio.

Trazendo a questão para o lado da política, o que interessa de verdade: por que tantos idiotas (não no sentido que os gregos davam à palavra, mas no sentido corriqueiro do nosso tempo) votaram na Marta Suplicy, quando estava na cara que o Paulo Maluf tinha propostas muito melhores para a Prefeitura de São Paulo?! De novo, se você não vive em São Paulo, troque os nomes para Alceu Collares e Tarso Genro, Luiz Paulo Conde e César Maia, João Leite e Célio de Castro. Tanto faz. Se quiser, inverta a ordem deles. Tanto faz, da mesma maneira.

É difícil aceitar que os outros tenham idéias e opiniões diferentes das nossas. E mais difícil ainda aceitar que as idéias deles, e não as nossas, orientem a ação do governo. O conceito de democracia foi se desenvolvendo ao longo da história paralelamente ao desenvolvimento da tolerância para com as diferenças dos outros. Com certeza é muito mais fácil e pacífico o convívio social, atualmente, do que era no Império Romano, ou entre os visigodos, os persas, os aztecas, na Inglaterra da Idade Média. Mas é verdade que ainda hoje torcedores de futebol se agridem constantemente, nos estádios e nas ruas. Às vezes se matam. Católicos e protestantes se matam na Irlanda. A Iuguslávia se desintegrou como país, recentemente, por causa de diferenças étnicas e religiosas. Um grupo minoritário de bascos se obstina, há séculos, na luta para acabar fisicamente com a imensa maioria de espanhóis que não pensam como eles, a poder de bombas e atentados.

A democracia surgiu para tornar possível o convívio de pessoas com diferentes idéias e preferências, solucionando os problemas inevitáveis que surgem pela negociação, e não mais por golpes de porretes, de espadas, tiros ou bombas. Conseguimos isso em parte. Alguns dos exemplos de conflitos citados aí atrás, que provocam guerras e atentados, são nossos contemporâneos, e muitos outros poderiam ser incluídos naquela lista.

CAPÍTULO
8

Um Desconcertante Convite para Você Deixar de Lado
Espetáculos Atraentes e Ouvir a Voz do Brasil

Em geral, os cidadãos pertencem a muitos grupos. Alguns são comerciantes, outros industriais, outros agricultores. Uns são empregados no comércio, outros na indústria, outros na agricultura. Há os autônomos. Um comerciante pode militar num grupo ecológico. O industrial pode ser protestante, flamenguista, eleitor do PFL; o empregado do comércio católico, corintiano, petista, associado da ONG Salvem o Mico Leão Dourado. Além disso, todos são cariocas, ou paulistas, gaúchos, mineiros, nordestinos etc. etc. E assim por diante, até o infinito.

A casa onde se reúnem os representantes do povo é, portanto, o órgão mais importante do regime democrático moderno, seja no sistema de governo parlamentar, seja no sistema de governo presidencialista. Porque é ali que se resolvem, por meio da negociação, os conflitos de interesses entre os diferentes grupos de CIDADÃOS.

Cada um tem mais de um interesse a ser defendido. E o representante não pode ser defensor de um único tipo de interesse. Mesmo que tenha sido eleito expressamente para isso – por exemplo, um professor, eleito por seus companheiros de profissão especialmente para cuidar do que lhes diz respeito – no exercício do mandato deverá tomar decisões sobre projetos que nada têm a ver diretamente com a exercício daquele sacerdócio e dizem respeito aos interesses de outros grupos de cidadãos. Fará isso em nome dos eleitores que votaram nele, pois a democracia assegura a todos os cidadãos o direito de palpitar sobre todas as coisas. Até (principalmente, seria melhor dizer) sobre aqueles fantásticos segredos que se imagina guardados a sete chaves nos cofres de entidades como o nosso Ministério do Exército, o Pentágono americano, a CIA, o Banco Central e todos seus parentes. Ou seja: na democracia moderna, todos os assuntos dizem respeito a todos os cidadãos, e por tabela dizem respeito aos seus representantes.

No entanto, a tendência geral é encarar a Câmara dos Deputados como uma entidade inútil, cara, improdutiva, quase sempre ridícula. E para desgosto pessoal meu, os órgãos de imprensa têm enorme responsabilidade por isso. Há muito denuncia-se no jornalismo, não apenas brasileiro, uma incontida preferência pelo espetáculo, em vez da notícia. Quando a vida cotidiana não oferece um, providencia-se. Então todo o espaço disponível para a atividade política, por exemplo, é dedicado integralmente ao espetáculo do momento. Durante semanas, lemos, vimos e ouvimos tudo sobre o pacote de moeda corrente encontrado na sede da empresa da governadora do Maranhão e todas as alternativas imagináveis criadas por esse fato para o desenrolar da campanha eleitoral. Meses antes, passamos dias e dias lendo, vendo e ouvindo tudo sobre as desventuras do então presidente do Senado Federal em seus negócios com a Superintendência do Desenvolvimento da Amazônia, que levaram ao melancólico desfecho de sua renúncia ao mandato. Antes ainda havíamos visto, lido e ouvido tudo sobre a inacreditável cena de exibicionismo do então senador Antônio Carlos Magalhães, jactando-se diante de três procuradores notoriamente hostis de haver violado o segredo de uma votação e a possibilidade por isso de perder ele o mandato, como realmente perdeu. Fora daí, tentou-se transformar em espetáculo permanente as preliminares da sucessão presidencial, já alimentadas por pesquisas então sem nenhum significado. Nesse tempo todo, não houve possibilidade de o distinto público deixar de pensar que deputados e senadores não fazem, no exercício do mandato, mais do que apenas futricas.

No entanto, posso garantir que em todos esses dias a Câmara e o Senado trabalharam normalmente. Discursos foram proferidos no plenário, muitos com certeza rotineiros e dispensáveis, mas alguns, também com certeza, densos, bem informados, sugestivos. Nas comissões das duas casas projetos foram analisados minuciosamente, relatores desdobraram-se preparando estudos e pareceres consistentes, para os quais solicitaram ajuda de assessores e especialistas de porte, sobre as soluções possíveis para os problemas do país; autoridades de toda espécie foram chamadas para explicar atos da administração, empresários, estudantes, professores, cartolas do futebol, jogadores foram ouvidos, inquiridos, pressionados sobre as peculiaridades dos seus campos de atuação e os problemas neles existentes.

Enfim, toda a vida nacional – e não apenas os dissabores da governadora, dos ex-senadores ou dos candidatos – desfilam diariamente pelos plenários e gabinetes do Congresso. Mas salvos raríssimas exceções, que parecem cada vez mais raras, nada, absolutamente nada disso aparece no noticiário do rádio, da televisão, das revistas.

Por isso você, eleitor, tem todo o direito de pensar que o Congresso é inútil, caro e dispensável. Se quiser escapar disso, deve ligar o rádio, todos os dias, entre 19 e 20 horas, e ouvir A Voz do Brasil. E dar sempre uma olhada na TV Câmara e na TV Senado. É chato, posso garantir. Mas também é chato fazer exame da próstata. É chato mas é indispensável para a sobrevivência, pessoal, num caso, de uma boa democracia, no outro.

Sem Briga, Ameaça de CPI, Sigilos Quebrados. Não é Espetáculo, logo não é Notícia

Em 1996 começou-se a tecer nos gabinetes do Ministério da Educação a teia do que nos meses seguintes se transformaria numa verdadeira revolução no ensino fundamental no país. O calhamaço enviado ao Congresso Nacional pelo presidente da República continha uma proposta de reforma constitucional e um projeto alterando a Lei de Diretrizes e Bases da Educação, para criar o Fundo de Manutenção e Desenvolvimento do Ensino Fundamental e Valorização do Magistério. Encaminhado às comissões competentes, foi estudado, analisado, emendado, modificado, enriquecido. Que eu saiba, pelo menos um dos relatores pertencia ao Partido dos Trabalhadores, adversário do Governo. Durante a tramitação, muitas pessoas e entidades direta ou indiretamente ligadas ao ensino e à educação foram chamadas a contribuir com sua experiência para o aperfeiçoamento do projeto. Houve debates, às vezes acalorados, alguns queriam mais disso, outros mais daquilo, outros menos disso e menos daquilo. Mas não houve briga, denúncias, ameaça de CPI, quebra de sigilos bancários e telefônicos, nem pesquisa de depósitos de dólares em paraísos fiscais.

Ou seja, não houve espetáculo. Por isso, não houve notícia – pelo menos, não houve notícia à altura da importância do que estava acontecendo.

Não é o caso de esmiuçar aqui os detalhes dessa mudança, mas vamos citar apenas alguns destaques. O Fundo passou a existir em 1988. Determina que mais da metade dos 25% da arrecadação de impostos e transferências de recursos oriundos de impostos feitas pelo governo federal, que Estados e municípios devem obrigatoriamente aplicar na educação, sejam destinados ao ensino fundamental. Esse dinheiro não é mais repassado diretamente aos governadores e prefeitos – é depositado na conta do Fundo. O total desse dinheiro é dividido pelo número de alunos das escolas estaduais e municipais e assim descobre-se o valor de um aluno, naquele Estado. Para pôr a mão no seu dinheiro, o governador e os prefeitos precisam apresentar-se ao Fundo com a lista dos alunos matriculados nas suas escolas. Isso significa que um município com mais alunos pode eventualmente surripiar alguns trocados do município com menos alunos.

O governador do Pará, do PSDB, foi o primeiro a perceber o alcance da coisa. Antecipou-se, criando o Fundo um ano antes, tal como lhe permitia o texto da nova lei, e no bolo da dinheirama juntada no Fundo paraense foi buscar uma boa parte do dinheiro que originalmente pertencia à Prefeitura de Belém, administrada pelo PT: o Estado tinha no município da capital mais escolas e alunos do que a Prefeitura. Graças a isso, desde 1998 governadores e prefeitos puseram-se a procurar crianças em todos os cantos dos territórios que governam, e a tangê-las para a escola, tornando-se os principais agentes do louvável programa do Ministério da Educação que pretende colocar todas as crianças a estudar.

Quem nunca ouviu contar histórias daquelas professoras perdidas nos sertões dos Estados menos desenvolvidos, mal e mal alfabetizadas elas próprias, ganhando ridículos salários de algumas poucas dezenas de reais? Pois graças à reforma do Fundo, a partir do próximo ano não haverá nenhuma professora leiga em nenhum município brasileiro – foram todas estudar em cursos especiais organizados pelas universidades federais. Mas não é só: até 2007, todos eles deverão ter diploma de curso universitário.

Em São Paulo, essa tarefa de capacitar rapidamente tantos professores foi assumida pelas universidades estaduais. Eis o que a respeito da empreitada escreveu o professor José Carlos Souza Trindade, reitor da Universidade Estadual Paulista, em artigo publicado na edição da *Folha de S. Paulo* do dia 1º de julho de 2002, quando festejávamos a conquista do pentacampeonato mundial de futebol no Japão:

No caso específico da Unesp foi arquitetado um projeto especial de qualificação, denominado Pedagogia Cidadã, sob a responsabilidade da Pró-Reitoria de Graduação. O programa prevê uma relação de parceria entre a Unesp e prefeituras a fim de, num período aproximado de dois anos e meio, conferir aos professores o grau equivalente à licenciatura plena em Pedagogia. O Projeto Pedagogia Cidadã obteve, até o final da primeira quinzena de maio, a adesão de 104 prefeituras do interior de São Paulo e de cerca de 7.000 professores alunos, que assistirão às aulas a serem iniciadas em setembro de 2002. O curso compreende 3.000 horas-aula, com aulas presenciais, trabalhos monitorados, vivência profissional e videoconferências (a lei faculta que até 75% das horas-aula sejam ministradas nesse regime). Dois aspectos chamam a atenção nesse processo. O primeiro deles é o entusiasmo e a elevada adesão da comunidade acadêmica. Há pelo menos 150 professores doutores engajados no processo. Serão os responsáveis pela elaboração dos textos do material didático, pelas videoconferências e pelo monitoramento dos cursos. Tal fato reflete o grau de amadurecimento do nosso corpo docente diante da realidade social e educacional do país. O outro aspecto diz respeito à vontade política e à ação de muitos prefeitos do interior, que, conscientes do problema e da necessidade de encontrar uma solução, aderiram ao projeto Pedagogia Cidadã, investindo e criando infra-estrutura a um custo mensal de R$ 160 por aluno.

Pelo menos 60% dos recursos do Fundo são obrigatoriamente usados para pagamento dos salários apenas dos professores que estejam efetivamente dando aulas (o Fundo, como está inscrito no seu nome, pretende também valorizar o magistério). Apenas mais uma virtude evidente do Fundo: cria conselhos comunitários em todos os Estados e municípios, para vigiar a correta aplicação do dinheiro destinado à educação.

O ministro Paulo Renato com certeza fará tudo para incorporar à sua biografia a criação do Fundo. O presidente Fernando Henrique costuma vangloriar-se de ser ele uma bela realização do seu governo. Ambos tem todo direito a isso. Mas este é, sobretudo, um caso exemplar de perfeito desempenho das funções do Parlamento, estabelecendo um acordo geral entre diferentes interesses de Estados, municípios, educadores e comunidades, para produzir uma gigantesca melhoria na educação da criançada.

Infelizmente, não houve espetáculo. O notório pudor que impede os jornalistas, em geral, DE ADMITIR QUE UM GOVERNO (qualquer governo, não apenas o de FHC) tenha feito alguma coisa certa, só superado pelo pudor ainda maior de admitir que o Congresso tenha feito algo decente, impediu que esse feito brilhante chegasse ao conhecimento do público.

ESSE RECONHECIMENTO costuma acontecer no pequeno e pouco destacado espaço destinado aos editoriais, onde os jornais emitem sua opinião a respeito de todas as coisas. Não por acaso, ele é criteriosamente administrado pelos proprietários, e não pelos empregados jornalistas.

O Começo do Fim da Guerra do Vietnã

No dia 13 de junho de 1971 o jornal *The New York Times* começou a publicar uma série de artigos baseados num volumoso estudo (47 volumes, cerca de três mil páginas de história, outras quatro mil páginas de documentos variados) feito no Pentágono sobre o envolvimento do Governo dos Estados Unidos na Indochina, do fim da Segunda Guerra Mundial, em 1945, até maio de 1968. Os documentos, classificados como *top secrets*, foram entregues ao *Times* (e também ao *The Washington Post*) por Daniel Elsberg, pesquisador do Centro de Estudos Internacionais do nunca por demais louvado Instituto de Tecnologia de Massachusetts, sem autorização, de forma clandestina, ou seja, ilegal.

Entre muitas outras coisas, os papéis revelavam que em 1945 o presidente Harry S. Truman concedera auxílio militar à França, na guerra para manter seu domínio colonial sobre a então chamada Indochina. O envolvimento americano na região continuou com a decisão do presidente Dwight D. Eisenhower de impedir a tomada do poder pelos comunistas, no Vietnã do Sul; com o presidente John Kennedy transformando a política de "risco limitado", que herdara, numa política de "amplo envolvimento"; a intensificação da guerra pelo presidente Lindon Johnson, que ordenou o bombardeio aéreo do Vietnã do Norte (comunista), apesar de o serviço de inteligência considerar essa ação inútil. Tudo isso sem que tivesse havido, em qualquer momento, uma declaração formal de guerra, aprovada pelo Congresso.

Naquele momento o país estava profunda e definitivamente empenhado numa guerra sangrenta e impiedosa, milhares de soldados americanos lutavam e morriam na selva, e ao recorrer à Justiça para impedir a publicação dos artigos o Governo classificou o procedimento do *Times* como traição – um crime terrível. A vitória parecia certa, favas contadas – e uma corte distrital baixou rapidamente sentença proibindo a publicação dos demais artigos (apenas três haviam sido impressos). O argumento para a proibição foi o de sempre, nessas circunstâncias: levar ao conhecimento do público tais segredos da administração causaria danos imediatos e irreparáveis aos interesses de defesa (militares, seria melhor dizer) dos Estados Unidos. Se a corte distrital foi rápida e fulminante, mais rápida e fulminante foi a Suprema Corte: no dia 30 de junho, acionada pelo *Times* e pelo *Post*, que ainda não publicara nada, tomou, por seis votos contra três, uma decisão considerada das mais importantes da história americana: autorizou a publicação dos artigos, entendendo que o Governo não conseguira justificar a proibição.

A partir daí, o sentimento de oposição à Guerra do Vietnã ganhou impulso, acabou conquistando apoio da maioria da população e praticamente obrigou o presidente Richard Nixon a promover negociações diplomáticas para estabelecer a paz. Ainda assim, a guerra só terminou com a derrota dos Estados Unidos no campo de batalha.

CAPÍTULO 9

SALVAR AS BALEIAS COM A REFORMA DA PREVIDÊNCIA

ERA UMA VEZ UM ESTUDANTE QUE CONHECEU UMA MENINA, ESTUDANTE como ele, muito preocupada com a sorte das baleias, que estavam (ainda estão) ameaçadas de extinção. Ela queria que ele assinasse um manifesto a favor das baleias. Ele prometeu assinar – se ela topasse dividir um big mac com ele depois da aula. Assim começou um namoro muito bem comportado e ele foi descobrindo que além das baleias havia o mico-leão-dourado, a Mata Atlântica, o Pantanal, a camada de ozônio. Para encurtar a história, eles casaram, tiveram muitos filhos, foram felizes para sempre e o nosso ex-estudante tornou-se um militante das causas ecológicas.

Meteu-se na política, com o voto do pessoal que pensa como ele elegeu-se deputado federal e chegou à Câmara já com um projeto de lei prontinho, para defender as baleias – ou a Mata Atlântica, o Pantanal, o mico-leão-dourado, como você quiser. Colegas de todos os partidos, muito simpáticos, ASSINARAM O PROJETO, que foi publicado no *Diário Oficial*, virou um processo dentro de uma pasta, foi para a Comissão de Constituição e Justiça, que garantiu não estar ele em desacor-

FAZ PARTE DO CÓDIGO INFORmal de boas maneiras do Congresso não recusar apoio para a apresenta-

do com os mandamentos constitucionais, depois foi para a comissão especializada naquele assunto. E lá ficou nas mãos de um relator que não estava nem aí para as baleias – o interesse dele era arranjar água para acabar com a seca do Nordeste.

O tempo foi passando, nosso deputado começou a se preocupar porque a nova eleição estava chegando, o projeto mofava lá na comissão e afora alguns discursos, ele nada tinha de prático para mostrar ao pessoal da ecologia, seus eleitores.

Eis que um dia ele foi chamado à sala da liderança para um alerta dramático: as contas do Governo estavam uma bagunça, saía muito mais dinheiro do que entrava, e era preciso fazer uma reforma na Previdência Social para cortar despesas. Com três anos de mandato ele já havia aprendido algumas manhas e deu o xeque-mate no líder:

"Ok, contem com o meu voto. Mas vão dar um jeito daquele maldito relator soltar o meu projeto das baleias".

Assim o Governo garantiu um voto para a reforma da Previdência, o projeto das baleias saiu da comissão e começou a luta do nosso deputado para aprová-lo no plenário. Como ele tinha votado direitinho na Previdência, a liderança dava uma boa ajuda, mas para garantir os votos de colegas de outros partidos ele foi fazendo promessas: votar a favor do projeto da água para o Nordeste do relator, da isenção de impostos para os produtores de laranja, de autorização para a Caixa Econômica emprestar dinheiro para os sem-terra e por aí vai. Mas apesar de precisar de muitos votos, ele não quis se comprometer a apoiar o projeto do colega que queria estabelecer a pena de morte para punição dos crimes de seqüestro. Claro, se ele estava defendendo a vida das baleias, como iria apoiar a morte de pessoas, ainda que criminosas?

ção formal dos projetos dos colegas. Isso garante que todos os assuntos venham a ser debatidos e estudados, o que é essencial para o perfeito funcionamento da democracia. Ele não compromete o voto de ninguém se e quando o projeto chegar à ordem do dia para decisão – votar contra nessa hora não contradiz o apoio dado na apresentação.

Vamos guardar essas coisas na memória.

Essa negociação entre o governo e os deputados, e entre os próprios deputados, pode parecer esquisita. Mas ela é indispensável para o funcionamento do regime democrático, que, como já foi explicado lá atrás, precisa assegurar a convivência na sociedade de pessoas, ou grupos de pessoas, com interesses e prioridades diferentes.

Ao promover e estimular esses arranjos entre os deputados de diferentes partidos, os líderes da bancada governista faziam uma *conciliação* de interesses diferentes, embora não divergentes, para conseguir aprovar a reforma da Previdência.

O deputado das baleias, ao prometer seu voto para diferentes projetos, a fim de conseguir apoio para o seu, teve três comportamentos:

1. Apoiou os projetos da água para o Nordeste e dos empréstimos para os sem-terra porque achou que eram bons.
2. Achou meio incoerente reformar a Previdência para economizar dinheiro do Governo e dar isenção de impostos para os produtores de laranja, mas como o autor do projeto mostrou que a perda não seria muito grande e ela garantiria o emprego de muita gente, concordou. Nesse caso, ele fez uma *transigência*.
3. Abriu mão do voto do autor do projeto da pena de morte porque a defesa da vida, para ele, é uma questão de *princípio*. Com princípios não se pode transigir.

Vamos guardar essas palavras importantes para o funcionamento do regime democrático: *negociação, conciliação, transigência* e *princípios* – esta última, com certeza, a mais importante de todas.

Então não Tem Ideologia na Política Brasileira?

No capítulo anterior a palavra "interesse" foi usada três vezes para explicar o que fazem os representantes dos eleitores no Parlamento. Uma das críticas mais simplórias feitas aos políticos, aos partidos onde eles se organizam e às casas legislativas onde trabalham, é a de que se dedicam a defender interesses de grupos (em alguns casos de pessoas, quando não deles próprios), e não as regras de uma ideologia, como seria desejável. Essa crítica se tornou tão corriqueira que já é apresentada como premissa, uma afirmação que ninguém precisa se dar ao trabalho de comprovar para concluir que a democracia, infelizmente, não dá pé no Brasil por causa dos políticos interesseiros.

Isso não se deve a um suposto alto índice de ignorância da população. Jornalistas, de modo geral, aceitam a premissa com naturalidade e a divulgam e repetem, nos jornais, nas revistas e na televisão. Entre essa moderna categoria que se convencionou chamar "formadores de opinião", é repetida com tanta constância quanto veemência, mesmo por aqueles raros que ascenderam a essa condição ilustre por sua cultura.

Ora, a categoria dos representantes do povo nos parlamentos surgiu, exatamente e apenas para defender os interesses dos cidadãos alijados das decisões governamentais, numa época em que o governo era exercido por uma parcela muito reduzida da aristocracia. E mesmo os partidos e políticos modernos que constroem suas biografias carregando vistosos estandartes ideológicos, são também apenas defensores de interesses de grupos ou categorias. Tomemos, por exemplo, os partidos comunistas, já fora de moda embora proprietários de um vastíssimo conjunto ideológico, filosófico e econômico, construído por uma garbosa seleção de pensadores onde pontificaram craques como Karl Marx, Friedrich Engels, Leon Trotsky, Antonio Gramsci e muitos, muitos outros. Todos pregavam em defesa dos interesses dos trabalhadores, ou melhor, dos operários, e apenas deles.

Todos tendemos a encarar com indulgência, senão com simpatia, as ações algo violentas comandadas pelo Movimento dos Sem Terra, invadindo terras de fazendeiros que não as cultivam convenientemente, para tomar-lhes a propriedade. Trata-se de um grupo de pessoas que vivem em extrema penúria, sem possibilidade de ganhar a vida em outro campo de atividade que não seja a cultura da terra – e esta lhes aparece como um bem inacessível pelos caminhos normais da sociedade. No fundo, essa quase simpatia decorre de um escondido sentimento de culpa, por não fazermos nada para reformar uma estrutura social que permite tais injustiças. Está claro que, com esses atos violentos, os sem terra procuram defender seus interesses. Pois a democracia parlamentar representativa se consolidou exatamente quando os povos se cansaram desse tipo de disputa violenta e decidiram negociar seus interesses, por meio de representantes, no Parlamento, para conseguir uma acomodação que satisfizesse a todos, ainda que a ninguém plenamente. Em paz, sem recorrer às armas, sem tomar de assalto a preciosa adega dos grão-senhores, como aconteceu recentemente na propriedade dos herdeiros do fazendeiro Fernando Henrique Cardoso. Por que, então, não aceitar como legítimo, correto e louvável o empenho dos deputados em defender os interesses materiais de seus eleitores, sem precisar fazê-lo à sorrelfa, como gostava de dizer o renunciado presidente Jânio Quadros?

A expressão ideologia foi cunhada em 1796 – em plena efervescência da já vitoriosa Revolução Francesa – por Antoine-Louis-Claude, conde Destutt de Tracy, soldado, escritor, filósofo, fundador de uma escola filosófica a que deu esse nome. O programa dos ideologistas foi adotado oficialmente pelo governo revolucionário, chamado Diretório, de 1795 a 1799, para criar uma sociedade democrática, racional e científica. O conde seria, por sinal, um bom exemplo para nossos políticos acusados de não serem fiéis a uma ideologia: promovido a coronel, elegeu-se deputado para a Assembléia Nacional, ficou preso durante o período do Terror, foi senador no reinado de Napoleão, quando os ideais democráticos da sua doutrina estavam um tanto esquecidos, e tornou-se par do Reino com a efêmera restauração da monarquia.

A escola filosófica do conde não prosperou, mas a palavra por ele criada sem dúvida foi um sucesso espetacular. Definida, de modo geral, como conjunto de crenças e idéias sobre a estrutura e o funcionamento da sociedade, a ideologia tornou-se, no século seguinte, um dos principais (senão o principal) temas de estudos da Filosofia. Logo passou a incluir programas e regras para a prática política, de modo que o século XIX, sucessor do XVIII chamado Século das Luzes, como já vimos lá atrás, chamou-se Século (ou Idade, ou Era) das Ideologias.

Tem sim Senhor!

É crença geral que a sociedade moderna não pode sobreviver sem um conjunto de regras que regulamentem seu funcionamento. Essas regras devem basear-se, por sua vez, em um conjunto de crenças e ideais, que sejam comuns a todos os cidadãos. Ou seja, a sociedade moderna não pode sobreviver e funcionar razoavelmente sem uma ideologia. O Brasil não é exceção. Aqui está em vigor, desde o dia 5 de outubro de 1988, a ideologia liberal, melhor dito, o liberalismo. O credo dos que acreditam na liberdade individual, e a defendem. Ou, com mais precisão, tendo em vista que não pode haver país sem Estado que o represente e o administre: dos que defendem o máximo de liberdade individual possível, uma vez que nenhum Estado pode garantir aos cidadãos liberdade absoluta – seria uma anarquia, ela própria com pretensões a ser uma ideologia, com adeptos que a defendem e estudam e publicações que pregam suas pretensas virtudes ao público.

Naquele dia, a Assembléia Constituinte, reunida em Brasília, promulgou a nova Constituição do país, redigida e votada nos meses anteriores. Aquele ato punha fim, de uma vez por todas, à ditadura militar instalada no país em 31 de março de 1964. E restabelecia o regime democrático de governo, baseado no liberalismo, que vigorara nos dezoito anos anteriores, como sucessor de outro período ditatorial – o Estado Novo de Getúlio Vargas, que durara sete anos. Como se vê, não tem sido fácil a trajetória da democracia no Brasil.

Com 245 artigos distribuídos por nove títulos, mais setenta artigos do Ato das Disposições Constitucionais Transitórias, a Carta Magna consagra todos aqueles predicados proclamados quase simultaneamente pelas Revoluções Francesa e Americana, resumidos no *caput* do Artigo 5º:

> Todos são iguais perante a lei, sem distinção de qualquer natureza, garantindo-se aos brasileiros e aos estrangeiros residentes no País a

inviolabilidade do direito à vida, à liberdade, à igualdade, à segurança e à propriedade, nos termos seguintes.

E enumera 77 direitos e garantias considerados fundamentais para os cidadãos.

Todos os eleitos diretamente pelo povo – o presidente da República, os senadores, deputados federais, governadores de Estado, deputados estaduais, prefeitos e vereadores – prometem, ao assumir os mandatos, manter, defender e cumprir a Constituição. O Congresso tem o poder de alterá-la, e já o fez várias vezes, desde 1988. Mas não pode, conforme determina o parágrafo quarto do Artigo 60, abolir a forma federativa de Estado, o voto direto, secreto, universal e periódico, a separação dos Poderes e os direitos e garantias individuais.

Assim, parece claro que desde a promulgação da Constituição, o Brasil é um Estado liberal. E mesmo que isso não agrade a alguns, todos quantos se aventuram à conquista de um mandato eletivo são liberais, de carteirinha e diploma assinado. Ainda por cima, não têm o direito de revogar o Estado liberal, a não ser recorrendo à força bruta, como aconteceu em 1964 e 1937. No entanto, para meu assombro particular, periodicamente políticos da oposição investem contra o presidente da República, acusando-o de estar impondo ao país um governo liberal (no campo econômico) – ou neoliberal, aparentemente uma forma piorada desse mal que estranhamente acomete todos os países mais civilizados e desenvolvidos do mundo ocidental. Deve ser essa uma acusação terrível, pois o presidente, homem de trato afável e bem humorado, costuma reagir indignado a essas críticas, chamando neobobos aos que as proferem.

A meu ver, melhor faria se citasse aquela mulher de verdade do samba clássico de Ataulfo Alves e Mário Lago: "Meu bem, o que se há de fazer?"

CAPÍTULO 10

A Importância de um Bom Representante para não Ficar Pagando todas as Contas da República

MORTO DE MEDO ENVEREDEI POR ESSA CONVERSA A RESPEITO DE IDEOlogias certo de estar indo além das minhas modestas chinelas, pelo que desde já peço desculpas aos senhores filósofos e filósofas por eventuais deslizes cometidos. E volto à minha seara. Uma vez que nossa ideologia está arrumada e definida na Constituição, resta aos representantes do povo cumprir sua tarefa histórica e rotineira: defender interesses. Houve tempo em que nós, jornalistas, tínhamos dois privilégios: estávamos dispensados de enfrentar o leão, todos os anos, com nosso imposto de renda (naquele tempo nem era leão, era um bicho bem mais manso), e nas viagens aéreas pagávamos meia passagem. Perdemos essas regalias no começo do governo ditatorial militar – claro, jornalistas trabalhando em jornais submetidos à censura não precisavam ser cortejados, seus patrões cuidariam para que mantivessem o respeito e as boas maneiras no trato com as novas autoridades.

Começo a falar do meu quintal para chegar com autonomia aos quintais alheios. Funcionários públicos, por exemplo.

Têm privilégios em penca. Aposentadoria no valor do salário. Aumentos salariais por tempo de serviço, sem necessidade de revelar aumento de dedicação ou capacidade para o trabalho, como acontece conosco, aqui na vida comum. Férias, licença-prêmio, anuênios, qüinqüênios, sei lá mais o quê. Algumas categorias dispõem de vários outros benefícios específicos delas. Subterfúgios na legislação permitem que alguns deles se convertam no que se convencionou chamar "marajás", contra os quais, aparentemente, nada há a fazer.

Por que isso acontece? Porque os funcionários públicos estão todos – absolutamente todos – organizados em associações e entidades variadas, atuantes, decididas. No Palácio do Planalto, nos Ministérios, na Câmara e no Senado, presidente da República, ministros, deputados, senadores são servidos diariamente por funcionários públicos – desde o cafezinho com que retemperam o ânimo e agradam as visitas, até a preparação dos discursos, projetos, pareceres, cartas, bilhetes, telefonemas.

Todos tendem a encarar com simpatia esse tipo de eleitor. Muitos se elegem como representantes diretos da categoria. Formam uma bancada imensa, distribuída por todos os partidos, sem exceção. Na hora da negociação, para ver quem vota o quê em troca do quê, eles são sempre muito fortes, com certeza.

Vamos ao outro lado desse universo. Se um desses institutos especializados em pesquisas de opinião fizer uma pergunta singela aos deputados e senadores: o que o senhor acha da distribuição da renda no Brasil? Aposto meu braço direito que receberá cem por cento de respostas "uma vergonha". Sem dúvida nenhuma, todos os congressistas estão certos de que a distribuição de renda no Brasil é uma vergonha, iníqua, precisa ser mudada urgentemente, senão o país não vai para a frente. Isso, provavelmente, desde os tempos do primeiro gabinete ministerial de D. Pedro I, comandado por José Bonifácio.

Rotineiramente os jornais apresentam estatísticas mostrando que milhões de brasileiros vivem abaixo da linha de pobreza. São economicamente marginalizados porque são culturalmente marginalizados. Eles votam – mas nunca votam num marginalizado como eles. Votam em candidatos do tipo do cassado Sérgio Naya, eleito para a Câmara dos Deputados com votos conquistados no empobrecido Vale do Jequitinhonha, em Minas Gerais. São eleitores de modestas ambições – a verba para a ponte, o açude, a cesta básica no período da seca. Fáceis de atender – com eles o representante gastará muito pouco do seu cacife na mesa do jogo do poder. O muito que sobra será usado na negociação do atendimento do seu INTERESSE, PESSOAL, FAMILIAR, OLIGÁRQUICO.

UMA BOA LEITURA PARA quem quiser se aprofundar nas origens e no funcionamento desse sistema são os dois volumes do caudaloso livro Os Donos do Poder, de Raymundo Faoro.

Houvesse na Câmara uma bancada de setenta ou oitenta autênticos representantes dos marginalizados, ainda que distribuídos por vários partidos, como os representantes dos industriais, comerciantes, agricultores, funcionários públicos, evangélicos etc. etc. etc., o momento em que o Governo ficou a míngua de votos para aprovar a prorrogação da Contribuição Provisória (ou Permanente?) sobre Movimentação Financeira seria a hora ideal para a barganha – o voto a favor em troca de medidas de real significado para acabar com essa discriminação. Quem sabe até poderíamos ver o ministro Pedro Malan e o presidente do Banco Central Armínio Fraga advogando por elas.

Os marginalizados até que levam uma vantagem, se é que se pode chamar isso de vantagem: apesar de mal representados na Câmara, nunca são chamados a pagar a conta quando se abre um buraco nas finanças públicas. Eles não têm dinheiro para isso. A conta é paga por quem tem dinheiro – em geral, a CLASSE MÉDIA. De representação na Câmara tão ruim quanto a dos marginalizados, ouso dizer. Quase sempre somos nós, os da classe média, gente com dinheiro e tempo para escrever e ler um livro como este.

> CLASSE MÉDIA – (SOC.) A que engloba os que exercem profissões liberais, os pequenos industriais e comerciantes e os quadros médios e superiores da função pública ou do comércio e da indústria.

Somos aqueles que acompanham com toda a atenção a eleição do presidente da República (ou do governador, ou do prefeito). Analisamos cada pesquisa número a número, para saber por que e onde estão os votos dos candidatos, por que um sobe, outro desce. Chegamos ao dia da eleição com sólida, férrea disposição para votar em determinada pessoa, pela boa imagem apresentada na televisão, seu desempenho nas pesquisas, os argumentos usados nos discursos e debates, suas propostas, bem condizentes com as nossas. Mas só ali, na boca da urna, ou nos últimos dias da campanha, costumamos lembrar que será preciso votar também em um deputado. E a escolha será feita obedecendo àqueles critérios, que poderia resumir cruamente dessa forma: bom papo, cheio de princípios, convincente.

Provavelmente, se eleito, ele será um bom deputado. Essas virtudes sempre constam da biografia dos bons deputados. Mas há aí um pecado capital, imperdoável pelas regras da santa madre política, onde tudo é transação: seu voto não custou nada, foi dado de graça. Com certeza seu deputado nem sabe que você existe (pesquisas já demonstraram que nós, os classe média, também costumamos não saber dos nossos deputados, em geral esquecemos até seu nome já no segundo ano do mandato). Se um dia você lhe mandar um e-mail ou telegrama cobrando um passo mau dado no plenário, ele vai se indagar, perplexo: "Quem é esse chato?" Pela sua contabilidade eleitoral, ele não lhe deve nada.

Já o deputado que se elegeu com o apoio dos funcionários públicos, se receber um e-mail ou telegrama perguntando: "E aí, meu chapa, cadê o projeto para o nosso abono?", assinado pelo presidente de uma daquelas muitas entidades em que eles se agregam, vai saber direitinho o tamanho da encrenca que está chegando. Pelo dicionário, esses eleitores são classe média como nós, mas ao contrário de nós, estão certos de que sem um sindicato forte, uma associação atuante, deputado e senador cientes de que estão todos juntos de olho no que eles fazem lá em Brasília, vão dar com os burros na água. Ou, para ficar no tema deste capítulo, vão nos ajudar a tapar os buracos abertos nas contas do livro-caixa do ministro Pedro Malan.

CAPÍTULO 11

Governo do PT? Do PSDB? De Ciro Gomes? Garotinho?
Nem Pensar

É na eleição para o Congresso – para a Câmara dos Deputados, principalmente – que se define o tipo de governo que o país terá nos próximos quatro anos, não na do presidente da República. E é na eleição dos deputados que podemos colocar nossos interesses dentro da enorme agenda de assuntos que movem o universo da política. Os interesses muito particulares, como o de jornalista, no meu caso, ou do defensor das baleias, no caso do príncipe encantado do conto de fadas que inventei ali atrás. Ou muito gerais, como os dos assalariados, proprietários de imóveis urbanos, paulistas, gaúchos, pernambucanos etc. etc. etc. Com certeza há candidatos a deputado capazes de preencher qualquer rol de interesses, particulares e gerais, que se apresente.

Individualmente, o presidente da República, sem dúvida, é o mais importante e o mais poderoso de todos os personagens da política. Comanda uma enorme estrutura administrativa, que começa no seu gabinete, em Brasília, e vai até o mais simples e modesto conjunto de moradias de brasileiros, nos confins desse nosso território imenso. Gasta todos os anos uma dinheirama fantástica. Mexe com praticamente tudo que diz respeito à nossa vida particular. Cuida de mecanismos cujo funcionamento nem chegamos a entender direito – as relações com outros países, o sistema monetário, políticas industrial, agrícola, comercial, ciência e tecnologia, cultura. Você pode imaginar quantos interesses estão abrigados dentro dessa ampla variedade de campos de atividade? É por isso que se costuma dizer que na mesa de jogo da política o presidente tem o maior cacife. Se for competente, vai ganhar na maior parte das rodadas.

Mas ainda que seja extraordinariamente competente, ele só conseguirá fazer aquilo que for capaz de convencer os deputados e senadores a lhe conceder. Nos Estados Unidos, o nosso exemplo para adotar o sistema republicano presidencialista, o mecanismo político é mais simples e fácil de manejar. Lá existem apenas dois partidos – o Republicano do presidente George W. Bush, e o Democrata, do ex-presidente Bill Clinton. Boa parte dos americanos tem preferência definida – eles votam regularmente com os candidatos de um desses partidos para presidente, governador, senador, deputado. Uma outra parte reserva-se o direito de escolher de acordo com as propostas apresentadas durante a campanha eleitoral. Isso garante que os presidentes sejam eleitos automaticamente junto com uma boa bancada parlamentar, quase sempre a maioria, pois os eleitores sem preferência previamente definida, quando escolhem um candidato a presidente, naturalmente tendem a escolher candidatos a senador e deputado do mesmo partido.

No Brasil é mais complicado. Temos uma penca de partidos, embora apenas seis sejam significativos, pela quantidade de cargos eleitorais que conseguem conquistar. É importante votar no candidato a presidente de um partido que tenha uma boa bancada parlamentar, pois isso garantirá ao governo uma razoável quantidade de votos certos para seus projetos. Mas, inevitavelmente, qualquer presidente eleito no Brasil precisará negociar apoios para conseguir formar uma maioria parlamentar que lhe permita governar com alguma tranqüilidade. Essa negociação, como já vimos anteriormente, significará a entrega a esses partidos de partes de seu imenso poder. Quanto maior o número de votos que precisar conquistar na Câmara e no Senado, mais poder ele precisará entregar, na forma de cargos na administração pública.

Assim, é possível garantir, sem sombra de dúvida: qualquer que seja o resultado da eleição para presidente, NÃO HAVERÁ no Brasil um governo do PT, ou do PSDB, ou governo que permita ao candidato Ciro Gomes executar todas aquelas minuciosíssimas ações que ele anuncia para corrigir as distorções da economia do país.

Costuma-se encarar essa transação como um mau procedimento dos parlamentares, que se deixam subornar, e do presidente da República, que os suborna. Quase um ato ilícito. Na verdade, nem é ato ilícito, nem mau procedimento – antes, é uma virtude do sistema de governo que adotamos. A disputa da Presidência em dois turnos obriga todos os eleitores a fazerem uma opção, no turno final, entre dois candidatos e o seu preferido nem sempre é um deles. Isso é saudável, porque dá ao presidente eleito uma representatividade muito significativa, pois recebe o apoio da maioria dos eleitores. Mas não significa que os forçados a essa opção tenham se convertido ao seu programa de candidato, tornando-se adeptos do partido do presidente eleito. Até porque a eleição parlamentar se defi-

A NÃO SER QUE ACONTEÇA como em 1974, como veremos adiante, no capítulo 26: a maioria dos brasileiros sair de casa para votar nos candidatos de um único partido. Naquela ocasião, a política estava polarizada entre governo e oposição, sendo que governo era a ditadura. A esmagadora maioria dos eleitores votou contra a ditadura, não nas propostas administrativas do MDB. No quadro atual, é improvável que isso aconteça.

ne no primeiro turno, quando ainda nem se sabe quem vai disputar a finalíssima.

Talvez seja o caso de pensar, numa eventual reforma da legislação eleitoral, em transferir a escolha de deputados e senadores para o segundo turno da eleição presidencial. Isso teria a vantagem de levar gradativamente a um enxugamento do quadro partidário, criando uma situação mais próxima do bipartidarismo americano. Mas é coisa que leva tempo e com certeza não agradará aos nossos deputados e senadores.

CAPÍTULO
12

Onde se Mostra que o Presidente da República, que muito Pode, na Verdade não Pode nada

Votado diretamente pela maioria dos eleitores, graças ao engenhoso sistema de dois turnos, o presidente da República é, disparado, a mais importante personagem do mundo político. E no entanto – eis um grande paradoxo que só o perfeito conhecimento do funcionamento do regime democrático parlamentar permite entender –, no entanto, repito, o presidente da República não pode nada. Pois não pode fazer nada que o Congresso não queira que ele faça. Em meados de 1998, iniciada a campanha para a eleição presidencial, as pesquisas apontaram que o prestígio do presidente Fernando Henrique Cardoso despencava, praticamente igualando-se ao índice do principal candidato oposicionista, Luís Inácio Lula da Silva. Mais um pequeno esforço e a vitória estaria garantida. Chamado para uma entrevista pela revista *Época*, recém-lançada pela Editora Globo, o candidato do PT desfiou uma penca de promessas que cumpriria uma vez eleito. Entre elas, estava a criação de três milhões de empregos – muito oportuna, pois o desemprego era, naquele momento, o perigo que mais assustava os brasileiros.

Como político, Lula é um demagogo no bom conceito que a palavra desfrutava na Grécia antiga, não um desses vulgares prometedores de coisas impossíveis que andam por aí, demagogos no mau sentido que a palavra tem atualmente. Ele deve acreditar (pelo menos devia naquele tempo), honestamente, que, uma vez eleito e empossado, basta-lhe assinar um papel com as armas da República estampadas no alto, para que três milhões de empregos despenquem das nuvens sobre os brasileiros de todos os rincões. Do ponto de vista da propaganda, a promessa tinha duplo sentido: enaltecia o candidato disposto a tomar imediatamente a providência salvadora, e diminuía o adversário que, já presidente da República, não a havia tomado ainda.

Até onde entendo os mecanismos da administração pública (e confesso não ser um *expert*) não vejo nada que o presidente da República possa fazer, de uma assentada e sozinho, para criar esses empregos que nos faltam. E da mesma forma que acredito na sinceridade da promessa de Lula, acredito que Fernando Henrique Cardoso adoraria, tanto quanto ele, poder realizar esse milagre. Qualquer político adoraria.

Mas o presidente não pode. Felizmente não pode, pois se pudesse, poderia também mandar prender, enforcar, esquartejar, salgar e declarar infame até a quarta geração, por exemplo, o jornalista Jânio de Freitas, que todos os dias critica com desassombro os atos da administração pública na sua coluna na *Folha de S.Paulo*. No final do século XVIII a rainha de Portugal podia fazer as duas coisas. Enforcou o alferes Joaquim José da Silva Xavier, adversário do governo português, mas que se saiba jamais criou empregos para os súditos de extração mais humilde. Por isso naquele mesmo instante esse poder despótico estava sendo jogado na lata de lixo da história pelos intrépidos protagonistas de duas revoluções, na França e nos Estados Unidos, ambas vitoriosas, ao contrário do movimento aqui ensaiado por Tiradentes e seus infelizes companheiros.

Lula está aí, mais uma vez candidato a presidente, com boas chances de vitória (no momento em que escrevo, julho de 2002). Com esse relato, não pretendo passar-lhe um atestado de ingenuidade. Todos os candidatos, em todas as campanhas, inclusive na atual, amontoam promessas desse tipo, tão arrogantes quanto infundadas. Não são ingênuos – parece que a tênue perspectiva do poder, que lhes garante a condição de candidatos, sobe à cabeça de todos eles. Jamais ouvi qualquer candidato, em qualquer eleição, depois de feitas as promessas, pronunciar a oração subordinada adverbial condicional indispensável: "...se, e nos termos em que o Congresso autorizar".

Poderiam ser todos processados pela prática de propaganda enganosa. Mas o castigo chega rápido. Todos os presidentes da República, sem exceção, terminam o mandato com baixo nível de aprovação popular. A patuléia, apesar de tudo, tem memória. Mesmo aqueles que, como Getúlio Vargas e Juscelino Kubitschek, a história demonstrou terem sido realizadores de sucesso. A coluna das suas realizações não fechava com a das promessas. Nenhum presidente consegue fazer tudo o que pretende e promete – todos têm de ficar no limite do que conseguem convencer o Congresso a conceder. A virtude mais importante para quem se aventura a governar o país é a habilidade para negociar com lucro, politicamente, seus projetos. Precisam ser pessoas sedutoras.

Getúlio e Juscelino eram. Fernando Henrique Cardoso também dizem que é. Jânio Quadros e Fernando Collor não, eram apenas canhestros líderes autoritários provincianos. Por isso nem conseguiram exercer seus mandatos até o fim.

CAPÍTULO 13

Onde se Vê que sempre se Pregou o Liberalismo no Brasil, mas Raramente se o Praticou

O IDEÁRIO LIBERAL CHEGOU AO BRASIL NA MESMA ÉPOCA EM QUE CONquistava seus primeiros sucessos, na Inglaterra, nos Estados Unidos e na França. Já vimos lá atrás que os conspiradores da Inconfidência Mineira chegaram a pedir ajuda aos americanos. O próprio Tiradentes carregava na capanga cópia de um capítulo da Constituição dos Estados Unidos, que um amigo português lhe traduzira do francês. Infelizmente, nossa revolução não deu certo – faltavam-lhe as condições sociais, culturais e econômicas reinantes naqueles países.

Mas nunca nos faltou a pregação do liberalismo. Os exemplares do *Correio Braziliense*, o extraordinário jornal editado por Hipólito da Costa em Londres, nas duas primeiras décadas do século XIX, são a melhor demonstração disso.

Proclamada a independência, o máximo de democracia que o Império deu ao país foi um Parlamento de escassa representatividade. Só com a Lei Saraiva, de 1881, o direito de votar foi estendido a todos os brasileiros, desde que tivessem renda superior a 200$000 réis. A liberdade, claro, não incluía escravos, mulheres, analfabetos. Isso em 1881, um século depois da vitória das Revoluções Americana e Francesa.

A REPÚBLICA parecia ter chegado, em 1889, para mudar tudo: instituiu o voto direto e universal para todos, sem exigência de renda. Mas mendigos, analfabetos, praças de pré, religiosos sujeitos a votos de obediência que importassem renúncia da liberdade individual e mulheres continuaram excluídos. Como sempre, o ideal de serem todos iguais na sociedade continuava a manter alguns mais iguais do que os outros. Mas é evidente que, em cada ruptura do processo, a retomada logo a seguir faz diminuir o número dos menos iguais, e aumentar o dos mais iguais, inevitavelmente.

Junto com o voto universal, o Brasil adotava os demais princípios do liberalismo político, os mesmos que estão aí garantidos pela Constituição de 1988: ninguém é obrigado a fazer ou deixar de fazer alguma coisa, a não ser em virtude de lei; todos são iguais perante a lei; não há privilégio de nascimento; o culto religioso é livre e o casamento civil obrigatório; a casa é o asilo inviolável da pessoa; o direito de propriedade é pleno, salvo casos de desapropriação por interesse público; é livre a manifestação do pensamento; será concedido *habeas corpus* sempre que alguém tiver ameaçada sua liberdade de ir e vir.

A prática política, no entanto, continuou adequada aos usos e costumes da época. As eleições eram um acontecimento municipal, controlado pelos poderosos que detinham o mando político e econômico local. O voto não era secreto – sua conquista foi uma batalha permanente durante todo o longo período da República Velha e só veio a se concretizar com a Revolução de 1930, embora só tenha sido praticado regularmente a partir da queda da ditadura do Estado Novo, em 1945.

"EM SÍNTESE, NEM A REPÚ-*blica foi mera quartelada, nem se tratou 'apenas' – como se estas não importassem – de uma mudança ao nível das instituições, que de monárquicas passaram a republicanas, mas houve, de fato, uma mudança nas bases e nas forças sociais que articulavam o sistema de dominação no Brasil*" (Fernando Henrique Cardoso em História Geral da Civilização Brasileira – O Brasil Republicano, *volume 3, direção de Boris Fausto; certamente essa parte do que ele escreveu na universidade não precisa ser esquecida*).

Apesar da interpretação otimista do nosso 34º presidente, a representatividade dos governos com o advento da República continuou baixa. Nos municípios, situação e oposição preparavam suas próprias listas de votos, ambas fraudulentas. Eram submetidas a duas etapas de reconhecimento, na Assembléia Legislativa Estadual e no Congresso Nacional. A vitória dos adversários, claro, nunca era reconhecida. Isso estabelecia uma corrente de fidelidade que tornava impossível a existência da oposição – os políticos classificados nessa categoria eram, na verdade, integrantes do situacionismo momentaneamente desavindos com suas lideranças municipais e estaduais, prontos a reassumir o posto se de novo lhes abrissem as portas.

"Sabemos como se fazem as Eleições nos Estados..."

Na chamada República Velha a carreira política só obtinha sucesso dentro dos quadros situacionistas, com fidelidade garantida aos chefes nos âmbitos federal, estadual e municipal. Basta citar o caso extremo: Rui Barbosa, nossa maior glória cultural, reconhecido interna e externamente, tentou duas vezes a presidência da República e fracassou em ambas. Na primeira delas, em 1910, contra o marechal Hermes da Fonseca, reuniu multidões entusiasmadas nas capitais dos Estados mais desenvolvidos, São Paulo, Minas, Rio de Janeiro e Bahia, sobretudo, para ouvir sua palavra inflamada defendendo o combate às oligarquias, as reformas da Constituição, da Justiça, do sistema educacional, do sistema eleitoral, com a adoção do voto secreto, a estabilidade cambial, o apoio à imigração.

O resultado oficial do pleito – 403 867 votos para Hermes, 222 822 para Rui – foi longamente debatido e contestado, mas o fechado sistema político da época mostrou-se indiferente ao apoio ao candidato oposicionista da pequena parcela da opinião pública que conseguia manifestar-se naquele tempo e sensível aos cumprimentos apresentados ao vencedor por diferentes comandantes militares e pelos senhores Rotschild, afamados banqueiros ingleses já credores de respeitável dívida do governo brasileiro, que se acumulava desde a independência, em 1822.

Mais ou menos nessa época o chefe oligarca paraibano Epitácio Pessoa, futuro presidente da República, escreveu esclarecedora carta a um correligionário ansioso por saber como se comportar em relação ao governo do oligarca adversário, Álvaro Machado, que tentava conquistar o governo do Estado:

> Quanto à atitude dos amigos em face do Dr. Álvaro Machado, se for eleito, deve ser, em minha opinião, de expectativa simpática, e – se se der o rompimento esperado, de franca aproximação, visando substituir no partido governista o elemento que dele se destacar. No

miserando regime político em que vivemos estão abolidos de fato os meios normais de revezarem-se os partidos no poder. Sabemos como se fazem e operam as eleições nos Estados; pode o partido da oposição dispor de grande maioria do eleitorado, o governo do Estado impedirá a sua livre manifestação, e se por qualquer circunstância o não fizer, terá à mão, em todo caso, uma assembléia unânime, fabricada a jeito para depurar os adversários que lograrem ser eleitos. [...] Nestas condições, pretender a oposição alcançar o poder pelo processo ordinário e legal das urnas é pretender uma utopia. Resta, pois, unicamente, o recurso da aproximação, do acordo, da fusão com os elementos governistas, dadas certas condições, aproveitadas com habilidade certas circunstâncias e respeitados em todo o caso os melindres pessoais e políticos do partido. [...] Por isso me parece que, na iminência duma cisão no seio dos situacionistas, devem os amigos manter-se perante o governo em posição que não dificulte, antes facilite um apelo à sua efetiva colaboração nos negócios do Estado. [...] Há a considerar que, fora daquele caminho, o partido só teria dois alvitres a seguir: ou dissolver-se definitivamente ou resignar-se a uma oposição eterna, irritante, inglória e improfícua.

CITADO EM A REPÚBLICA VElha, Instituições e Classes Sociais, *Edgard Carone, Difusão Européia do Livro, dentro da coleção Corpo e Alma do Brasil, dirigida pelo professor Fernando Henrique Cardoso.*

Outro exemplo igualmente estarrecedor de como se processavam as eleições na República Velha:

Em 1899, tinha eu 10 anos, o Coronel Ingá me fazia treinar nas tricas políticas locais [...] e pegando-me pelo braço, delicadamente, disse: "Você vai me ajudar na eleição" [...] Espantei-me, sem saber o que aquilo significava, e ele levou-me para uma mesa, na sala de jantar, em redor da qual tomava assento, bem assim os mesários. [...] Passou a ler umas "instruções eleitorais" e a ditar a ata da instalação que o secretário ia lavrando num livro, enquanto outras pessoas escreviam ao mesmo tempo, em folhas de papel almaço, as cópias daquela ata [...] Lavrada a ata, teve lugar a votação, numa lista em que, realmente, assinaram apenas os membros da mesa, porque as demais assinaturas, de quase uma centena de eleitores, foram rabiscadas por mim e alguns mesários, bem assim por diversos curiosos que por ali apareceram [...]. Vi como eram eleitos senadores e deputados com a maior facilidade deste mundo [...].

Terminada a votação simbólica, a mesa eleitoral extraía logo os boletins, que eram por todos assinados (inclusive os fiscais!) para serem enviados a alguns candidatos, amigos de meu pai, que assim desejava documentá-los para defenderem seus direitos perante as juntas apuradoras.

UM SERTANEJO E O SERTÃO, *Ulysses Lins, também citado em* A República Velha, Instituições e Classes Sociais, *Edgard Carone, Difusão Européia do Livro, dentro da coleção Corpo e Alma do Brasil.*

CAPÍTULO 14

Presidentes Prepotentes Puseram a Perder a Tranqüilidade da República Velha

HÁ UMA VASTÍSSIMA LITERATURA ESMIUÇANDO TODOS OS MOTIVOS POLÍticos, sociais, econômicos, militares, regionais, culturais e o que mais se queira para explicar, justificar e interpretar a Revolução de 1930. Com certeza havia motivos fortes em todos esses campos para levar à insurreição mas costuma-se apresentar a insistência do presidente Washington Luís, um político paulista, em fazer seu sucessor outro paulista, Júlio Prestes, como a gota de água que entornou o caldeirão tranqüilo da tradição de acomodações negociadas que garantia a passagem do poder, periodicamente, sempre dentro do mesmo universo de grupos oligárquicos. Washington Luís teria pecado contra a chamada "política café com leite", pela qual paulistas e mineiros se alternariam ordeiramente na presidência da República.

Essa tradição, na verdade, nunca existiu. Proclamada a República, em novembro de 1889, assumiu o poder o marechal que comandou a operação, o alagoano Deodoro da Fonseca. No ano seguinte, a Assembléia Constituinte redigiu e promulgou a primeira Constituição republicana e elegeu Deodoro presidente para um mandato de quatro anos. Logo as relações do presidente com o Congresso Nacional se azedaram, ele tentou um golpe de Estado, deu-se mal e entregou o poder ao vice-presidente, o também marechal e também alagoano Floriano Peixoto.

Cumprido o primeiro mandato presidencial até o fim, sucederam-se na presidência três paulistas: Prudente de Morais, Campos Salles e Rodrigues Alves. Veio então o primeiro mineiro, Afonso Pena, que morreu antes de cumprir todo o mandato, sendo substituído pelo vice-presidente Nilo Peçanha, fluminense.

Antes de morrer, Afonso Pena tentara indicar outro mineiro para sua sucessão, David Campista, mas houve forte resistência, inclusive dos políticos mineiros. Os paulistas, ao contrário, apoiaram a indicação. Não é esse um paradoxo inexplicável. O governo Afonso Pena empenhara-se em defender os preços internacionais do café, que interessavam especialmente a São Paulo, na época o grande produtor dessa então chamada preciosa rubiácea. Política que seria continuada pelo sucessor que não emplacou. Como se vê, o interesse econômico falou mais alto do que o simples orgulho regional. Com a morte do presidente, a candidatura não vingou. O vice Nilo Peçanha encaminhou a candidatura de outro marechal, Hermes da Fonseca, sobrinho de Deodoro, gaúcho de nascimento e fluminense por opção. O sucessor de Hermes foi outro mineiro, Venceslau Brás, que deveria entregar o poder ao paulista Rodrigues Alves, que já fora presidente. Como o eleito morreu antes de assumir, ficou no cargo provisoriamente o vice Delfim Moreira, mineiro, e nova eleição levou ao poder o paraibano Epitácio Pessoa. Foi sucedido por outro mineiro, Artur Bernardes, que passou a presidência ao paulista Washington Luís. Este desejava entregar o cargo a outro paulista, Júlio Prestes, e assim deu chance ao gaúcho Getúlio Vargas, que interrompeu aquela vida mansa por longuíssimos quinze anos.

Como se vê, apenas duas vezes a sucessão emperrou e não foi por causa da origem geográfica do sucessor presumido; apenas os presidentes Afonso Pena e Washington Luís tentaram impor seus candidatos, fugindo da negociação com as demais lideranças políticas. Ambos fracassaram. Nos dois casos, a intransigência presidencial ensejou o aparecimento de candidatos oposicionistas. O primeiro, Rui Barbosa, nada pôde fazer a não ser conformar-se com o resultado; o segundo, Getúlio Vargas, foi para as urnas já com a revolução preparada. Proclamada sua derrota, pôs a tropa em marcha na direção do Rio de Janeiro e assumiu o poder. A opinião pública, que nada tinha a ver, concretamente, com as eleições, acompanhou os acontecimentos sem grande interesse, nem disposição para defender o governo deposto.

E aqui se Descobre que a Aliança Liberal de Getúlio Fraudou mais do que o Governo de Washington Luís

Por uma cruel ironia da sorte, as eleições federais coincidiram com o carnaval. Assim, pois, enquanto Momo saía à rua, rebolando em requebros de maxixe, a fraude eleitoral, de uma clareza meridiana, imperava por toda parte.

Assim o brilhante político mineiro Virgílio de Melo Franco, partidário do candidato da Aliança Liberal, Getúlio Vargas, iniciou seu impiedoso relato do processo eleitoral de 1930. Prosseguiu dessa forma:

Os resultados, porém, não corresponderam às esperanças aliancistas. Minas Gerais, que criara, no começo da campanha, o espantalho dos "oitocentos mil redondos" e a fórmula famosa de que "Minas elege e o Rio Grande empossa" apareceu a 1º de março muito abaixo dos cálculos, ou das promessas dos seus próceres. Basta dizer que o Rio Grande do Sul deu ao Sr. Getúlio Vargas votação superior à de Minas; a Paraíba ficou mais ou menos nos algarismos das previsões. Na Capital da República vencia o Sr. Júlio Prestes por uma pequena margem de votos, no pleito menos vicioso e mais livre entre todos os que se realizavam naquela hora. Somando todos os votos, o Sr. Getúlio Vargas ficava com 737 mil sufrágios, segundo os cálculos do Sr. João Neves, ou 669 mil, de acordo com os dados governistas.

O Sr. Júlio Prestes conseguiu em São Paulo o maior contingente de votos obtido num Estado – 332 mil sufrágios. Em Minas alcançava 50 mil votos; na Paraíba, uma terça parte do eleitorado. Os Estados do Norte, da Bahia ao Amazonas, proporcionaram-lhe contingentes ponderáveis e algumas vezes imprevistos, como no Ceará. É verdade que no Rio Grande do Sul obtivera apenas 982 votos, contra 298 mil dados ao Sr. Getúlio Vargas. Ainda assim, segundo os dados oficiais, o Sr. Prestes chegava a mais de 1 100 mil votos, com uma diferença para o seu competidor, de mais de 430 mil votos. [...] Vitória nítida, conseqüente e insofismável.

Alegavam-se fraudes, violências, vícios de toda a ordem, mas a impressão geral era aquela, que Raul Soares externara em 1922: – "em geral, os vícios das atas se reproduzem normalmente em São Paulo, Minas, Rio Grande, pois as eleições, por toda a parte, no Brasil, são em geral feitas por homens da mesma mentalidade e da mesma cultura". Sob certo aspecto, em 1930 poder-se-ia mais facilmente arguir defeito na eleição do Rio Grande do Sul [...] com o resultado fabuloso que apresentou, 298 627 votos para o Sr. Getúlio Vargas e 982 para o Sr. Prestes. Por maiores simpatias e melhores sentimentos que inspirem uma campanha, não é possível esperar uma unanimidade, senão com o auxílio de processos de coação. Normalmente, num pleito livre, não seria possível aquele resultado.

CITADO EM 1930: A REVOLUção Traída, *Hélio Silva*, Editora Civilização Brasileira, 1966.

CAPÍTULO 15

As Oligarquias logo se Ajeitaram em 1930, mas foi Preciso Abrir um pouco mais o Leque da Participação

Segundo o censo de 1920, era de 30.635.605; pelo censo de 1940, 41.165.289.

Em 1930, a *população brasileira* mal chegava aos quarenta milhões de habitantes.

Juntos, Júlio Prestes e Getúlio Vargas atraíram às urnas 1.800.000 eleitores, pouco mais de 4% dos brasileiros. Como sabemos, não votavam analfabetos, menores de dezoito anos, mulheres, mendigos, os religiosos com os tais votos de renúncia à liberdade de decisão. A representatividade dos eleitos, portanto, era baixíssima. Só para comparar: na eleição de 2000 estavam aptos para votar 109 826 263 brasileiros e brasileiras. Representaram 64% de uma população de 169 590 693 habitantes, da qual ficaram excluídos apenas os menores de dezesseis anos.

A Revolução de 1930 representou uma ruptura no processo político da época, cheio de vícios, como vimos nos capítulos anteriores, para garantir o domínio dos grupos oligárquicos que controlavam Estados e municípios. Ainda que tenha havido uma nova arrumação das áreas de influência das oligarquias, os vencedores tiveram de pagar um preço para legitimar o seu poder diante da opinião pública, abrindo a possibilidade de participação no processo político eleitoral a outros setores da população. Do lado dos números, concedeu-se o direito de voto às mulheres, o que representou um imediato crescimento de 50% do eleitorado – AS MULHERES são um pouquinho mais da metade da população do país. Do lado do aperfeiçoamento das eleições, criou-se a Justiça Eleitoral, o que tirou das mãos dos coronéis e chefes políticos a possibilidade de perpetrar aquelas grotescas falsificações de atas e votos relatadas aí atrás.

ESSA CONTA É MAIS COMPLICADA do que está aí exposto. Não eram todas as mulheres que podiam votar e ser votadas, só as que dispunham de vida autônoma e independente.

Essa acomodação não foi fácil. Feita a ruptura, as oligarquias demoraram a se entender. Em 1932 os paulistas, talvez embalados pelo sucesso de 1930, pegaram em armas, exigindo mais abertura democrática. Perderam a disputa bélica, mas venceram (temporariamente) a disputa política: o governo federal convocou eleições para formar a Assembléia que elaboraria a Constituição do novo regime e, de quebra, adotou medidas protecionistas para o café, principal produto da economia de São Paulo. O documento ficou pronto em 1934, e determinou que a própria Constituinte elegesse o presidente da República, para cumprir um mandato de quatro anos. Os presidentes seguintes seriam eleitos diretamente pelo povo. Como a atual, aquela Constituição consagrava um regime liberal, onde os direitos individuais estavam garantidos, apesar de correrem pelo mundo todo, naquela ocasião, ventos muito adversos ao liberalismo. Ventos que rapidamente chegaram ao Brasil: em 1935, os comunistas, já liderados por Luís Carlos Prestes, tentaram um golpe à esquerda. Fracassaram. Em 1937, os integralistas, versão cabocla do nazismo que tinha no chanceler alemão Adolf Hitler sua estrela máxima, tentaram um golpe à direita. Também fracassaram. Getúlio Vargas aproveitou para dar o seu próprio golpe, ainda em 1937, dissolver o

Congresso e passar a governar sozinho, amparado por um sólido esquema militar. Para isso, promulgou a sua própria Constituição, que deu ao regime o nome de Estado Novo. Era novo, mas não era mais liberal pois foram abolidas as eleições presidenciais, foi fechado o Congresso, dispensando-se a representação dos cidadãos no governo, e suspenderam-se os direitos e garantias individuais.

CAPÍTULO 16

O Brasil foi à Guerra contra o Autoritarismo e os Generais Avisaram Getúlio que se Acabava o que era Doce

1922 É UM ANO SINGULAR NA HISTÓRIA BRASILEIRA. CENTENÁRIO DA PROclamação da independência, registrou três acontecimentos simbólicos de uma profunda transformação que já há algum tempo vinha se operando na sociedade. Nos dias 13, 15 e 17 de fevereiro, véspera do carnaval, um grupo de escritores, poetas, músicos, pintores, escultores e arquitetos profanou as sagradas dependências do Teatro Municipal de São Paulo, servindo ao público três noitadas regadas a arte moderna da mais agressiva para os discretos padrões de gosto daquela época. Nos dias 25, 26 e 27 de março, nove pessoas – dois alfaiates, dois funcionários públicos, um barbeiro, um jornalista, um eletricista, um gráfico e um vassoureiro – reuniram-se no Rio de Janeiro e em Niterói, para fundar o Partido Comunista do Brasil, representando um modesto quadro de 73 militantes espalhados por São Paulo, Recife, Porto Alegre, Niterói, Rio de Janeiro, Cruzeiro, Juiz de Fora e Santos. Na madrugada do dia 5 de julho, jovens oficiais do Exército tomaram conta do Forte de Copacabana, no Rio de Janeiro e se declararam em luta contra o governo Epitácio Pessoa. Houve sublevações em vários outros estabelecimentos militares, mas o governo conseguiu dominar todas. Só o Forte permaneceu mobilizado, disparando seus canhões esporadicamente contra alvos militares. Mas ao longo do dia foi ficando patente que a revolta não vingava. Na tarde do dia 6, os últimos 27 resistentes abandonaram o Forte. Dez escaparam sorrateiramente pelo matagal. Os outros dezessete marcharam de peito aberto pela praia e a eles se juntou um civil, turista que por ali passava. Dezesseis morreram no tiroteio e a vitória do governo não significou que se conquistasse a paz. Em novembro, quando Epitácio Pessoa passou o governo ao seu sucessor, o mineiro Artur Bernardes, assistiu-se a um fato inédito, como se lê nos jornais quando se anuncia um fenômeno nunca antes acontecido: o presidente da República assumiu o poder em plena vigência do ESTADO DE SÍTIO.

ESTADO DE SÍTIO É UMA MEDIDA de emergência prevista na Constituição para ser utilizada em casos de grave ameaça à estabilidade política. Com a aprovação do Congresso Nacional, suspendem-se temporariamente alguns direitos e garantias individuais.

Metade do século XX transcorreu nesse ambiente de acentuada agitação política, cultural e social. O Brasil ia se transformando com a imigração, a urbanização, a nascente industrialização, e não cabia mais no modelo institucional preparado com a proclamação da República. A Revolução de 1930 trouxe alguns progressos apreciáveis nos campos político – a Justiça Eleitoral, o voto universal e secreto, que ainda não beneficiava os analfabetos – e no campo social – a regulamentação da organização sindical, a jornada de oito horas de trabalho, a proteção do trabalho das mulheres e dos menores, a previdência social. Mas tudo isso ficou obscurecido pela ditadura instalada em 1937, seguindo uma tendência autoritária que conquistava boa parte do mundo.

Mas a história, como os jogos de futebol, costuma ser uma caixinha de surpresas e contradições. No começo dos anos

1940, o Brasil foi à guerra, lutar ao lado dos países que combatiam o nazismo e o fascismo, aquela tendência autoritária que dominava boa parte do mundo, referida aí atrás, que havíamos copiado. Foram pracinhas do Exército, pilotos da Aeronáutica e marujos da Marinha. Cobriram-se de glórias nos campos de batalha. Muitos morreram na luta. Os sobreviventes voltaram ao Brasil preocupados com essa questão da democracia. Encontraram muitos brasileiros que também passaram a se preocupar com essa questão enquanto eles lutavam lá fora. Sensíveis ao sentimento da tropa, os líderes do Exército – destacadámente os generais Góis Monteiro, ministro da Guerra que havia sido comandante das forças militares da Revolução de 1930, e Eurico Dutra – assumiram a tarefa de avisar Getúlio de que a ditadura acabara. Veja, na página especial aí adiante, o interessante relato feito por Dutra desse dia decisivo.

> [...] *se dentro de duas horas não regressássemos, tomasse ele as medidas que julgasse acertadas...*

Debaixo de sérias apreensões decorreram os últimos meses do governo Vargas. Poucos acreditavam na realização das eleições de 2 de dezembro, embora fossem militares os dois principais candidatos. Foi nessa conjuntura que o presidente, inesperadamente, resolveu nomear seu irmão, Benjamin Vargas, para o cargo de chefe de Polícia do Distrito Federal, deslocando para a Prefeitura o embaixador João Alberto.

A 29 de outubro, muito cedo, recebemos um recado do general Góes Monteiro para procurá-lo com urgência. Dirigimo-nos imediatamente ao Ministério da Guerra, encontrando seu titular preocupado e aborrecido com a notícia que recebera daquela estranha nomeação.

[...] Por volta das 14 horas, João Alberto e Benjamin Vargas entraram no gabinete do ministro da Guerra, para entender-se com o titular da Pasta. A conversa entre os três foi muito rápida. O mesmo sucedeu com a palestra que tiveram conosco, na qual limitamo-nos a dizer a Benjamim Vargas que a sua nomeação tinha sido um grave erro cometido pelo presidente. A essa altura, o movimento no quartel-general era grande. Góes perdeu largo espaço de tempo na redação de uma extensa carta ao presidente.

Até então a tropa ignorava o que ia ocorrendo nas altas esferas militares. Era necessário interessá-la no movimento, tanto mais quando o general Denys, comandante da Polícia Militar, declarava, pelo telefone, ao general Mendes de Moraes, que ficaria com o presidente da República. Por outro lado, sabia-se que o general Piquet, comandante da Vila Militar, discordava de seus colegas.

Cerca das 16 horas, o general Álcio Souto tomou a iniciativa de dirigir-se ao Derby Clube, onde estavam aquarteladas duas unidades motorizadas, assumindo-lhes o comando. A seguir, em companhia do general Canrobert Pereira da Costa, fomos aos quartéis de São Cristóvão, esclarecer seus comandantes e providenciar o deslocamento das unidades para o quartel-general do Campo de Santana, onde aguardariam novas ordens. Ao cair da noite, teve início o movimento das forças do Exército.

Tomadas todas as decisões, Góes Monteiro entendeu-se com as autoridades da Marinha e da Aeronáutica, inclusive com o brigadeiro Eduardo Gomes. À tarde, altas patentes dessas forças começaram a chegar ao gabinete da Guerra. Desde a véspera, havia o presidente da República marcado uma audiência conosco às 19 horas, e outra, às 20 horas, com o ministro Góes Monteiro. Ignorávamos o assunto dessa entrevista. Presumimos que, após consumada a nomeação de Benjamim, quisesse dar algum esclarecimento a respeito.

À hora fixada, comparecemos ao Guanabara. Góes Monteiro, já demissionário, não quis ir. Antes de deixar o Palácio da Guerra, advertimos o ministro que, se dentro de duas horas não regressássemos, tomasse ele as medidas que julgasse acertadas a fim de levar avante o movimento.

Recebidos pelo dr. Getúlio Vargas e por ele interpelados sobre os acontecimentos, pusemo-lo a par de tudo, acrescentando que, àquela hora, unidades do Exército já se achavam nas ruas, possivelmente rumo ao Guanabara. Estranhou o presidente já não poder ele nomear um chefe de Polícia. Obtemperamos que lhe assistia esse direito, mas que todos estavam na crença de que, com tal nomeação, tinha ele em mira objetivos políticos. Aparentando assim muita calma, propôs-nos voltar atrás no ato da nomeação de Benjamim, dizendo estar disposto a designar para o cargo oficial do agrado do Exército. Quanto ao ministro, de vez que Góes Monteiro já se demitira, nomearia outro general de acordo conosco.

Regressando ao Ministério, demos ciência a alguns generais da proposta de Vargas, mas ninguém quis aceitá-la.

Tudo deliberado, o general Góes Monteiro incumbiu o general Cordeiro de Farias e Agamenon Magalhães de darem oficialmente ao dr. Getúlio Vargas a notícia do seu afastamento do governo. O Palácio Guanabara foi ocupado externamente por uma unidade motorizada, comandada pelo tenente-coronel Ulhoa Cintra. Consumava-se, assim, a deposição do presidente Vargas.

CITADO EM 1945, PORQUE
Depuseram Vargas, *Hélio Silva, Editora Civilização Brasileira.*

CAPÍTULO 17

E ENTÃO TODOS COMEÇARAM A FALAR MAL DA DITADURA, ATÉ O EMBAIXADOR AMERICANO

ESSE RELATO DO DESFECHO MELANCÓLICO DA PODEROSA DITADURA DO Estado Novo dá a impressão de que se tratou apenas de um arranjo ali entre os generais. Não foi bem assim. Aqueles três acontecimentos simbólicos, lembrados no capítulo 16, haviam sinalizado, muitos anos antes, que os militares, os intelectuais e os trabalhadores estavam mais atrevidos. Ou seja, os brasileiros estavam ficando mais exigentes. Nos anos 1940, em pleno transcurso da guerra, apesar da falta de liberdade, de garantia dos direitos individuais proclamados pelas Revoluções Americana e Francesa quase dois séculos antes, ocorreram várias manifestações de rebeldia e protesto contra a ditadura. Vejamos algumas delas.

1. A primeira aconteceu no próprio dia do golpe – 10 de novembro de 1937. O governador da Bahia, Juracy Magalhães, renunciou ao cargo para o qual havia sido nomeado por Getúlio depois da Revolução, de que fora um dos baluartes no Nordeste.

2. No fim de 1942, começo de 1943, militares e civis empenharam-se na fundação da Sociedade dos Amigos da Amé-

rica, com uma ampla variedade de objetivos políticos secundários, e um principal: defender a entrada do Brasil na guerra, ao lado dos aliados que combatiam o Eixo fascista. Dentro do Governo, e entre os militares, havia quem preferisse o lado oposto, ostensivamente. A Sociedade foi duramente combatida, muitos de seus dirigentes e integrantes foram presos e processados pelo sinistro Tribunal de Segurança Nacional. Nem mesmo a eleição para a vice-presidência da entidade do ministro das Relações Exteriores, Osvaldo Aranha, um dos principais organizadores da Revolução de 1930, amigo e companheiro de Getúlio de longa data, evitou a perseguição. Por isso Aranha acabou deixando o Ministério. O Departamento de Imprensa e Propaganda, órgão encarregado da censura, proibiu os jornais de noticiarem os acontecimentos.

3. Em agosto de 1943 foram realizados, simultaneamente, o Primeiro Congresso Jurídico Nacional e a Terceira Conferência da Interamerican Bar Association. Para esta, havia uma penca de importantes convidados estrangeiros. As delegações estaduais ao Congresso Nacional foram formadas por juristas favoráveis ao Estado Novo, menos a de Minas Gerais, cuja representação ficou sob a chefia do advogado Pedro Aleixo, NÃO POR ACASO presidente da Câmara dos Deputados em 1937, quando o Congresso Nacional foi fechado pelo golpe de Estado Novo.

> NÃO POR ACASO ESTA EXPRESSÃO *aparece muitas vezes neste livro.*

Vários trabalhos foram apresentados e debatidos nas comissões, com críticas à legalidade constitucional e jurídica de atos e organismos do governo. A direção evitou a realização de sessões plenárias, onde eles seriam debatidos abertamente. Os autores, quase todos da bancada mineira, receberam apoio de numerosos outros delegados e marcou-se um almoço de homenagem a Pedro Aleixo, como desagravo. O advogado Sobral

Pinto fez o discurso oficial enaltecendo o homenageado, e depois envolveu-se numa virulenta batalha pelos jornais, com o poeta Cassiano Ricardo, em torno das virtudes e defeitos jurídicos do Estado Novo. Terminou, como seria de prever, com a censura proibindo a publicação dos artigos de Sobral Pinto.

4. Aproveitando o aniversário da Revolução de 1930, 24 de outubro, ainda em 1943, e embalados pelo relativo sucesso obtido no Congresso Jurídico Nacional, juristas, políticos, intelectuais e empresários mineiros divulgaram um longuíssimo documento, que passou à história com o nome de Manifesto dos Mineiros, pregando o fim da ditadura e a volta ao regime democrático.

5. Em 22 de janeiro de 1945 começou em São Paulo o Primeiro Congresso de Escritores. Foi uma praticamente unânime condenação da ditadura, apesar das pressões do governo e da intensa atividade da censura. A sessão de encerramento realizou-se no Teatro Municipal, tal como as fogosas noitadas da Semana de Arte Moderna, e teve como orador oficial o ex-deputado José Eduardo do Prado Kelly, que apresentou os pontos da declaração de princípios aprovada pelos congressistas:

Primeiro – A legalidade democrática como garantia da completa liberdade de expressão do pensamento, da liberdade de culto, da segurança contra o temor da violência e do direito a uma existência digna.

Segundo – O sistema de governo eleito pelo povo mediante sufrágio universal, direto e secreto.

Terceiro – Só o pleno exercício da soberania popular, em todas as nações, torna possível a paz e a cooperação internacionais, assim como a independência econômica dos povos.

Conclusão – O Congresso considera urgente a necessidade de ajustar-se a organização política do Brasil aos princípios aqui enunciados, que são aqueles pelos quais se batem as Forças Armadas do Brasil e das Nações Unidas.

Para um congresso de escritores, o texto, sem dúvida, deixa muito a desejar.

6. Um mês depois o matutino carioca *Correio da Manhã* publicou longuíssima entrevista do político paraibano José Américo de Almeida, condenando a ditadura e defendendo o restabelecimento da democracia. José Américo era um dos DOIS CANDIDATOS a presidente da República na eleição de 1937, atropelada pelo golpe do Estado Novo.

O OUTRO ERA O PAULISTA *Armando de Sales Oliveira.*

A entrevista foi concedida ao jornalista Carlos Lacerda, ex-militante do Partido Comunista. Foi oferecida a vários jornais do Rio de Janeiro, mas todos ficaram com medo da reação da censura. O dono do *Correio da Manhã*, Paulo Bittencourt, que estava no México, havia escrito numa carta dirigida ao redator-chefe do seu jornal, Costa Rego:

Você que está aí no teatro dos acontecimentos, é que deve saber qual a medida que devo adotar. Não vacile. Se entender que o prestígio do jornal deve ser resguardado com atitudes corajosas, não vacile em tomá-las por causa de meus interesses.

Invocando um raciocínio simples – "O que o Getúlio pode fazer, cortar o papel para o jornal? O estoque que temos dá para seis meses. Em seis meses acho que vocês derrubam o Getúlio. Não derrubam?" – Costa Rego ficou com a entrevista para publicar. Passaram-se alguns dias e como não saía nada, os articuladores foram procurar Roberto Marinho, dono de *O Globo*. Ele leu a entrevista, ficou entusiasmado e prometeu publicar no dia seguinte, à tarde – *O Globo* era um vespertino.

Mas alguém contou a Costa Rego, e o *Correio da Manhã* publicou no mesmo dia, logo cedo. Para aplacar a decepção de Roberto Marinho, José Américo deu uma segunda entrevista, esta especialmente para *O Globo*. E contou que o candidato à Presidência da República dos adversários de Getúlio seria o brigadeiro Eduardo Gomes, um dos dois sobreviventes daquela heróica marcha dos 18 do Forte pelas areias de Copacabana, em 1922.

A censura ficou desmoralizada e com ela a própria ditadura. Surgiu, a partir daí, uma enxurrada de manifestos e declarações: manifesto dos paulistas, manifesto dos jornalistas, declaração dos artistas plásticos. No dia 18 de março o *Herald Tribune* de Nova Iorque publicou reportagem sobre a entrevista de José Américo, com o título glorioso: "A Imprensa Brasileira Rompe a Muralha da Censura". De todos esses acontecimentos, o mais chocante, sem dúvida, foi o discurso do recém-nomeado embaixador americano Adolfo Berle, no Congresso de Jornalistas realizado no luxuoso Hotel Quitandinha, em Petrópolis, no dia 29 de setembro. Sem nenhuma cerimônia, pôs-se a falar de corda em casa de enforcado, enumerando as virtudes da democracia, repudiando os governos autoritários e elogiando o governo brasileiro por supostos compromissos assumidos com a restauração da liberdade que, com certeza, não estavam bem nos projetos de Getúlio. Foi uma gafe imperdoável. O Itamaraty protestou veementemente, pois se tratava de nítida intromissão de representante de governo estrangeiro nos assuntos internos do Brasil. Berle perdeu o emprego – mas conseguiu deixar ainda mais claro que a ditadura estava com os dias contados.

> *[...] possam todos os brasileiros viver em liberdade...*

O *Manifesto dos Mineiros* foi impresso em Barbacena, ao custo de Cr$ 5,00. Os exemplares, caprichosamente encapados, foram colocados em dois sacos de aniagem e levados para o Rio de Janeiro. Eis os quatro últimos, dos 45 parágrafos que o compõem:

Concluindo, reiteramos nossa solidariedade com os compromissos do Brasil, a cuja política de guerra – tal como todos os brasileiros dignos desse nome – temos prestado e continuaremos a prestar o nosso inteiro apoio.

Exatamente por sermos fiéis a esses compromissos entendemos que nos cumpre cogitar, desde já, com patriotismo e prudência, da organização política do País no após guerra, tendo em vista principalmente as indicações da Carta do Atlântico. O povo a que alude este famoso documento, que orienta a comunidade das Nações Unidas, só pode ser o que se manifesta pelo voto espontâneo e livre, pois, de outra sorte, absurdo e iníquo seria que se destruísse, com tão surpreendente dispêndio de sangue e de riqueza, o sistema que Hitler e Mussolini e seus inúmeros cúmplices sempre proclamaram como aplaudido e consagrado pelos povos da Itália e da Alemanha para mantê-los sob especiosos disfarces depois da vitória.

Em suma: Anunciado que a nação será convocada para a sua estruturação política, parece-nos, – tal como já foi anunciado em Londres – que, se os povos aguardarem a vitória a fim de escolherem os seus rumos, terão para isso perdido uma das supremas oportunidades da História.

Eis por que, no momento em que devemos, unidos e coesos, sem medir sacrifícios e sem quebra ou interrupção da solidariedade já manifestada, dar tudo pela vitória do Brasil, entendemos que é também contribuir para o esforço de guerra conclamar, como conclamamos, os mineiros a que se unam acima de ressentimentos, interesses e comodidades sob os ideais vitoriosos de 15 de novembro de 1889 e reafirmados solenemente em outubro de 1930, a fim de que, pela Federação e

> CITADO NA ÍNTEGRA EM 1945: Porque Depuseram Vargas, *Hélio Silva*, Editora Civilização Brasileira, 1976.

pela Democracia, possam todos os brasileiros viver em liberdade uma vida digna, respeitados e estimados pelos povos irmãos da América e de todo o mundo.

Em 10 de novembro de 1943, na comemoração do golpe do Estado Novo, Getúlio procurou desmerecer o documento e os mineiros que o assinaram, num discurso aborrecido:

> Não temos tempo para desperdiçar na interpretação de fórmulas ideológicas e no exame das conveniências políticas de simples finalidade eleitoral. No fundo de nossa consciência sentiríamos remorso se contribuíssemos para lançar o povo brasileiro nos excessos de uma agitação partidária com o fim de tranqüilizar os pruridos demagógicos de alguns leguleios em férias.

Mas, ciente de que as coisas estavam ficando pretas para o lado da ditadura, prometeu, no final:

> Quando terminar a guerra, em ambiente próprio de paz e ordem, com as garantias máximas à liberdade de opinião, reajustaremos a estrutura política da nação, faremos de forma ampla e segura as necessárias consultas ao Povo Brasileiro.

> GARANTE O AURÉLIO: *"Leguleio – observador exato das formalidades legais. Aquele que interpreta à letra e servilmente a lei, sem atender ao espírito e intenção do legislador. Advogado chicaneiro; rábula."* Confirma e acrescenta o Houaiss: *"Aquele que observa rigorosamente as formalidades legais, interpretando a lei sem atentar para o espírito que a norteia; profissional formalista; advogado que se vale de meios para confundir uma questão ou protelar o andamento das causas; chicaneiro, rábula."*

Seu discurso provocou uma polêmica que se prolongou por muitos e muitos anos: que significado dera à desconhecida palavra LEGULEIOS com que designara os signatários do Manifesto?

Os signatários do Manifesto com alguma ligação com a administração pública ficaram desempregados.

CAPÍTULO 18

A Democracia Parecia Solidamente Implantada no País.
Aí Chegou Jânio Quadros

GETÚLIO HAVIA CUMPRIDO A PROMESSA FEITA NO DISCURSO DO 7 DE setembro de 1944: em 2 de fevereiro de 1945 promulgou a Lei Constitucional prevendo a realização de eleições para presidente da República e para a formação da Assembléia Nacional Constituinte, em data que seria marcada no prazo de noventa dias. Foram noventa dias agitadíssimos. Comícios públicos foram realizados livremente; fundaram-se partidos; escolheram-se candidatos; jorraram manifestos, declarações, entrevistas; presos políticos foram anistiados; os exilados voltaram ao país; o Partido Comunista tornou-se legal; refundou-se a Sociedade dos Amigos da América. No dia 28 de maio, editou-se decreto fixando as eleições do presidente da República e da Assembléia Constituinte em 2 dezembro; as eleições nos Estados seriam realizadas em 6 de maio de 1946. Haviam transcorrido 113 dias, em vez de noventa, mas ninguém reclamou.

Prudentemente, os amigos do governo escolheram o general Eurico Gaspar Dutra como candidato a presidente; os adversários, o brigadeiro Eduardo Gomes. Candidatos militares, supunha-se, garantiriam que Getúlio não armaria outra confusão, como em 1937, quando atropelou a eleição com o golpe de Estado. Apesar desse cuidado, bem que ele tentou. Em agosto, uma marcha de trabalhadores, no Rio de Janeiro, tornou pública a existência de um movimento político esdrúxulo até pelo nome adotado: Queremismo. Reunia os que queriam a Constituinte com Getúlio na Presidência da República. Pretendia-se não pouca coisa: afastar da parada os candidatos militares. Não podia dar certo. Não deu, e a eleição foi realizada no dia certo, Dutra venceu, a Constituinte se instalou e deu ao país uma Constituição baseada nos princípios do liberalismo de que já tratamos o suficiente em capítulos anteriores.

Convém lembrar, em todo caso, o fato altamente elogiável de que tudo aconteceu dentro do melhor figurino da cordialidade que se acredita seja apanágio do povo brasileiro. Getúlio foi dispensado das funções de presidente pelos generais educadamente, como já vimos. Em paz e segurança retirou-se com a família para sua propriedade rural em São Borja, no Rio Grande do Sul, e lá ficou, quieto, cinco anos. Em 1950 voltou para a Presidência da República, com os votos de 3 849 040 eleitores – 48,7% do TOTAL DOS VOTANTES, quase a maioria absoluta. Seus dois principais adversários, o mesmo brigadeiro Eduardo Gomes que havia perdido a eleição anterior para Dutra, e Cristiano Machado, do Partido Social Democrático (que na verdade apoiou Getúlio) ficaram com 29,7% e 21,5%, respectivamente.

A alta representatividade do resultado eleitoral pouco adiantou. Ressurgiram todas as desconfianças e ressentimentos despertados durante a ditadura e o governo constitucional de Getúlio Vargas transcorreu em permanente agitação. Ten-

ESTAVAM EXCLUÍDOS DO CORpo eleitoral os analfabetos, os menores de dezoito anos e pequenos contingentes como militares praças de pré e religiosos que abriram mão do direito de decidir.

tativas de golpes, denúncias, atentados culminaram com o suicídio do presidente, em 24 de agosto de 1954, pouco mais de um ano antes do fim do mandato. Assumiu o vice-presidente Café Filho, que acabou deposto por um movimento militar apoiado pela maioria do Congresso, para garantir a posse do novo presidente eleito, o mineiríssimo Juscelino Kubitschek. A agitação continuou no início do novo governo – logo de saída houve duas tentativas de levante armado, por parte de militares da Aeronáutica. Juscelino foi levando tudo mansamente, anistiou todos os revoltosos, elaborou um ambicioso Plano de Metas, deu início à implantação da indústria automobilística no país, construiu e inaugurou Brasília.

Fez um governo notável. Apesar disso, saiu do poder com baixíssimo índice de prestígio (na época não se faziam pesquisas de opinião pública como agora) e teve de passar a Presidência a um adversário, Jânio Quadros, que se elegeu prometendo devassas, prisões, inquéritos. Um filme que vimos reprisado recentemente, com Fernando Collor, com o mesmo final catastrófico.

A posse de Jânio foi uma grande festa. Supunha-se, entre muitas coisas desagradáveis que ele prometia, que pelo menos a democracia por fim estava solidamente implantada no país.

CAPÍTULO 19

Repetindo o Minueto dos Vices, Jânio Preparou o Golpe da Renúncia. Estrepou-se

Deputados tinham mandato de quatro anos, senadores de oito e o presidente da República de cinco. Assim, as eleições não coincidiam. Essa foi apenas uma das várias circunstâncias que levaram ao fracasso a democracia restabelecida em 1945. Em 1961, Jânio Quadros assumiu o governo com o apoio de 5,6 milhões de brasileiros e brasileiras que representavam 48% de um total de 11,7 milhões de eleitores. Começou a governar com um Congresso Nacional eleito em 1958, onde os três maiores partidos – Partido Social Democrático, União Democrática Nacional e Partido Trabalhista Brasileiro – detinham 77% das cadeiras. Os presidentes anteriores – Eurico Dutra, Getúlio Vargas e Juscelino Kubitschek – governaram apoiados pela aliança PSD-PTB, que lhes garantia maioria parlamentar. Café Filho, o vice-presidente que assumiu após o suicídio de Getúlio, em 1954, afastou-se dessa maioria e aproximou-se da UDN. Esse movimento aprofundou a já grave crise política e ele perdeu o cargo.

Jânio bem que tentou evitar, mas acabou eleito pela UDN,

em oposição aberta e declarada ao esquema PSD-PTB. Extremamente agressivo na campanha eleitoral, chamava a todos corruptos, desonestos, ladrões e prometia devassas nas contas públicas para mandar todo mundo para a cadeia. O ambiente ficou tão pesado que Juscelino Kubitschek foi para a cerimônia em que lhe passaria a faixa presidencial preparado para ouvir uma saraivada de desaforos no discurso de posse, aos quais prometia responder com um soco na cara.

Não houve nada disso: nem desaforos, nem soco, nem devassa. E naturalmente ninguém foi para a cadeia. Ao longo de sua carreira, Jânio explorou habilmente uma singularidade da legislação eleitoral da época: os vices (vice-presidente da República, vice-governador de Estado, vice-prefeito) não compunham uma chapa com o candidato ao cargo principal. Assim, o eleitor podia votar no presidente (ou no governador, ou no prefeito) de um partido e no vice de outro partido. Na campanha para a presidência, a UDN deu-lhe um candidato a vice inatacável: Milton Campos. Se houve político brasileiro com direito a ser chamado santo, foram dois: o mineiro Milton Campos e o gaúcho Raul Pilla. Pois em cima dele Jânio perpetrou a perfídia: estimulou um pequeno partido que o apoiava, o Movimento Trabalhista Renovador, a lançar seu líder Fernando Ferrari candidato a vice-presidente. Divididos os votos do seu eleitorado entre dois vices, conseguiu a vitória do candidato adversário, João Goulart, indispensável para os seus planos sinistros.

Goulart, Jango para os amigos e todo o eleitorado, tornara-se o discípulo e amigo dileto de Getúlio Vargas, de quem fora ministro do Trabalho. E nesse cargo envolveu-se numa complicada polêmica com os militares, que viam nele um perigoso agitador esquerdista, e por isso exigiram seu afastamento do cargo. Assim, em janeiro de 1961 empossaram-se Jânio Quadros presidente e João Goulart vice-presidente da República. Estava armado o picadeiro para a farsa da renúncia.

CAPÍTULO 20

Jânio não Era um Democrata: não Quis Negociar com o Congresso

JÂNIO NÃO SOUBE, NÃO QUIS OU NÃO TEVE PACIÊNCIA PARA NEGOCIAR no Congresso a formação de uma maioria parlamentar. Talvez fosse impossível, nas condições políticas da época. Imaginou, então, que poderia, com o auxílio da opinião pública (e dos militares), forçar os parlamentares a lhe conceder alguns poderes especiais para governar. Não pensava tornar-se ditador, com certeza – isso exigiria uma enorme articulação que ele não teve tempo nem para começar. Sonhava com algo parecido com as medidas provisórias que Fernando Henrique usa exageradamente. Afoito, em vez de ameaçar renunciar à Presidência, como fizera no governo de São Paulo, quando não quiseram lhe conceder aumento de impostos, queimou etapas e mandou entregar a carta da renúncia diretamente ao VICE-PRESIDENTE DO SENADO FEDERAL.

Astutamente, Jânio mandara o vice-presidente João Goulart para a China, em viagem de diplomacia comercial. Bisonhamente, supôs que o Congresso demoraria alguns dias para deliberar sobre o seu pedido, expondo-se às pressões da

NO SENADO, OS ESTADOS ESTÃO representados igualitariamente: três senadores para cada um. Para evitar que a escolha de um presidente, que não vota na hora das decisões, deixasse um Estado

opinião pública e, sobretudo, dos militares que não admitiriam João Goulart na Presidência da República. O alto comando parlamentar, amparado em manifestações informais de ministros do Supremo Tribunal Federal, precisou de pouco mais de três horas para concluir que a renúncia era uma manifestação de vontade pessoal, sobre a qual o Poder Legislativo nada tinha a decidir; devia apenas dela tomar conhecimento, acatá-la e dar-lhe conseqüência.

Assim, no glorioso entardecer do dia 25 de agosto, fim de inverno anunciando já a primavera, quando o pôr do sol enche o céu de Brasília de cores fantásticas, o presidente da Câmara dos Deputados, o paulista Pascoal Ranieri Mazzilli, foi empossado na Presidência da República vaga com a renúncia do titular e a ausência do substituto. Num átimo, Jânio Quadros foi recolhido aos arquivos da História.

A opinião pública, estupefata diante do gesto tresloucado, frustou o renunciante, não se manifestando. Ou melhor, liderada pelos governadores Leonel Brizola, no Rio Grande do Sul, e Mauro Borges, em Goiás, pelos partidos Trabalhista e Comunista no Rio de Janeiro, São Paulo, no Nordeste, manifestou-se (pelo menos boa parte dela) contra seu projeto, defendendo a passagem do poder ao vice-presidente. Já os militares cumpriram a risca o papel que lhes fora reservado: nota assinada pelos ministros da Guerra, da Marinha e da Aeronáutica foi enviada ao Congresso Nacional, informando que o mundo fardado considerava inconveniente a posse de Goulart. Este, orientado pelos ardilosos comandantes do PSD empolgados pela próxima reconquista de pelo menos uma parcela do poder perdido na eleição, retardou ao máximo a viagem de regresso, e assim foi possível o Congresso votar uma emenda constitucional estabelecendo o regime parlamentarista de go-

em desvantagem, estabeleceu-se que a presidência da Casa seria exercida pelo vice-presidente da República. Por causa disso, o vice-presidente da República era também presidente do Congresso Nacional, formado pela Câmara e o Senado que se reuniam juntos, naquela época, apenas para apreciar os vetos do presidente da República a projetos de lei ali aprovados. Na prática, as presidências do Congresso e do Senado eram exercidas pelo vice-presidente do Senado. Uma certa confusão, sem nenhuma utilidade prática, que não existe mais. Ninguém pode imaginar que Antônio Carlos Magalhães, como presidente do Senado, deixou a Bahia em desvantagem em alguma coisa.

verno. Goulart tomou posse, mas com menos poderes do que Jânio.

Aqui vamos anotar dois nomes: general Ernesto Geisel, chefe do Gabinete Militar do presidente interino Ranieri Mazzilli, fiador do acordo entre os ministros militares e os líderes políticos, que levou à solução parlamentarista; Tancredo Neves, habilíssimo político mineiro, naquele momento sem nenhum mandato, indicado para ser o primeiro primeiro ministro do governo parlamentarista. Foram fundamentais para evitar o naufrágio da democracia. Muito tempo depois, operando ainda em campos opostos, seriam outra vez fundamentais para retirar a democracia do fundo do poço onde ficara vinte anos aprisionada pela ditadura militar.

CAPÍTULO
21

Quando Adversários se Uniram para Defender
Interesses Comuns

Se é preciso exibir provas para demonstrar quem é que manda, de fato, no regime da democracia parlamentar representativa, o governo de João Goulart é a melhor de todas. Foi um período de bravíssima agitação, mais ainda do que no governo constitucional de Getúlio Vargas, que acabou em suicídio. Goulart era político militante do Partido Trabalhista, fora ministro do Trabalho, tinha ligações com os sindicatos. Havia os estudantes universitários, congregados na União Nacional dos Estudantes, a gloriosa UNE (onde se iniciaram na atividade política, entre outros, o candidato José Serra, o deputado e dirigente do PT José Dirceu, o ministro do Supremo Tribunal Federal, Sepúlveda Pertence, ex-presidente do Tribunal Superior Eleitoral). Havia os sem-terra que começavam a se unir nas Ligas Camponesas. Todos clamando pelas reformas de base, indefinido conjunto de medidas que deveriam ser aprovadas pelo Congresso, cujo carro chefe era a reforma agrária. Já naquele tempo.

A opinião pública, que não respondeu à renúncia de Jânio, passou a manifestar-se, embora dividida. Submetido a um plebiscito, o sistema de governo parlamentarista foi derrrotado fragorosamente. Goulart reconquistou os poderes normais do presidente da República. Mas não adiantou. Contra a onda reformista uniram-se no Congresso as bancadas do PSD e da UDN, adversários históricos, embora representantes das mesmas forças sociais, que se juntaram para conter o adversário comum. Concederam ao governo, parcimoniosamente, apenas as medidas indispensáveis para manter a máquina administrativa em funcionamento. Nada mais. Aos partidários do presidente restava a agitação nas ruas.

O Parlamento, como já vimos em capítulos anteriores, não é local onde adversários lutam para se destruir; é local onde se sentam para negociar, pacificamente. Não se busca a vitória, mas o melhor acordo. Mas nas condições reinantes de agitação, com a opinião pública dividida em manifestações de apoio aos dois lados, a negociação ficou impossível. O lado conservador (vamos chamar assim os adversários das reformas) podia confiar em sua maioria parlamentar, mas havia o risco das eleições presidenciais (em 1965) e parlamentares (em 1966). Que Congresso sairia daquele ambiente conturbado?

Foi grande a hesitação. Um dia, fim de março, começo de abril, um general aquartelado em Minas Gerais, não dos principais comandantes da Força, pôs a tropa na estrada, marchando simultaneamente para o Rio de Janeiro e Brasília. A democracia foi posta em recesso.

CAPÍTULO 22

Mesmo Atrasando o Relógio para Votar a Constituição,
A Democracia foi para o Brejo outra Vez

NO FIM DOS ANOS 50 E NOS anos 60, graças à vitória da Revolução Cubana, virou moda ler manuais de guerra de guerrilhas. Havia vários autores, mas os best sellers *eram os charmosos Ernesto Che Guevara e Mao Tsé Tung e o cubano coronel Bayo. Nesses manuais se afirmava que por mais brutal e autoritária que fosse a ditadura, no país onde houvesse um Parlamento funcionando, ainda que apenas em regime de faz-de-conta, a guerrilha não teria chance de prosperar. A ditadura militar brasileira teve o cuidado não apenas de manter o Congresso aberto, mas de usá-lo para sacramentar os escolhidos para exercer a Presidência.*

Em vários locais deste livro, inclusive na capa e orelhas, está informado que nele se trata da democracia. Imaginava poder ignorar todo o período da ditadura e começar este capítulo como se fosse um conto de fadas: "No dia tal do mês tal do ano tal a democracia voltou finalmente, risonha e franca". Infelizmente, esse dia não existe, e preciso acender a minha vela para resgatar das trevas institucionais alguns dados muito importantes para se chegar aonde desejo que cheguemos.

Em 1945, como vimos lá atrás, um general e um político foram ao Palácio Guanabara dizer a Getúlio Vargas que o Estado Novo já era. Getúlio foi um ditador à moda clássica: agarrou o poder em 1930 e o exerceu pessoalmente por quinze anos, cortejando alianças de um lado e outro e tratando os adversários implacavelmente. Mas o mundo gira, a sociedade mais ainda, pessoas morrem, pessoas nascem, logo as coisas não são mais como eram. Em 1964 não foi um comandante, mas as Forças Armadas, como instituição, que assumiram o poder. Exerceram-no durante 22 anos por meio de presidentes com mandato de duração definida, por elas mesmo escolhidos (dois marechais e três generais), para os quais tiveram o cuidado de obter uma votação formal do Congresso Nacional.

Em 1974 foi para a Presidência o general Ernesto Geisel. Tinha no coldre o Ato Institucional número 5, que lhe dava poderes quase tão amplos quanto aqueles desfrutados pelos reis antes das Revoluções Americana e Francesa. Estes tinham de prestar contas de seus atos apenas a deus, de quem supostamente haviam recebido o poder; nossos generais presidentes prestavam contas às FORÇAS ARMADAS.

Em 1964, a opinião pública se dividiu: partes dela apoiaram com o mesmo entusiasmo a política reformista de João Goulart e a política conservadora de seus adversários. Decidiu-se a pendência pela intervenção das Forças Armadas, a favor do conservadorismo. O Congresso, como vimos, foi mantido em funcionamento, ainda que apenas formal. Tendo se comportado mal na primeira oportunidade (elegendo dois governadores não udenistas nas eleições de 1965), o eleitorado perdeu o poder de votar no presidente da República, nos governadores e nos prefeitos das capitais de Estado. Na mesma oportunidade, para simplificar ainda mais a rotina política, foram dissolvidos os treze partidos políticos existentes desde antes do golpe. As instruções baixadas para a formação de novas agremiações foram tão caprichosamente elaboradas que por pouco não aconteceu de passarmos a ter um único partido, tal como acontecia na União Soviética, a causa principal de termos tido aquele trabalhão para montar aqui um regime que nos pusesse a salvo do comunismo. Isso só não aconteceu porque políticos governistas mais lúcidos deram-se conta desse absurdo e ajudaram a formação do MDB, O PARTIDO DA OPOSIÇÃO.

NA VERDADE, AO ALTO COmando do Exército, que era e é a força hegemônica do conjunto; tanto que durante a ditadura não houve presidente brigadeiro ou presidente almirante. No caso específico do general Ernesto Geisel, há que tomar cuidado com o alcance da expressão prestar contas.

ESTÁ NA PÁGINA 204 DO LIvro Desde as Missões, biografia do senador gaúcho Daniel Krieger, udenista histórico, uma das principais lideranças do Senado naquele tempo, escolhido para ser o presidente da Arena, o partido do Governo. Tratando do episódio da formação dos novos partidos, ele escreveu: "Os requisitos exigidos – (adesão de) 120 deputados e 20 senadores – permitiam, teoricamente, a existência de três correntes. Em realidade, entretanto, apenas duas tinham viabilidade. No Senado, foi com dificuldade que o MDB obteve o quórum mínimo. Se não fossem as lutas regionais e o empenho do Governo, a grei oposicionista certamente não haveria atendido às condições exigidas."

O CONGRESSO FOI CONVOCADO *para uma sessão legislativa extraordinária de 12 de dezembro de 1966 a 24 de janeiro de 1967, exclusivamente para elaborar e votar a nova Constituição. Foi uma correria. O prazo final para encerrar a votação era a meia-noite do dia 24 de janeiro. Não deu – e o presidente do Senado, o paulista Auro Soares de Moura Andrade, mandou atrasar o relógio do plenário da Câmara, para que pelo menos simbolicamente a tarefa fosse cumprida dentro do prazo.*

O primeiro presidente militar, o marechal Humberto de Alencar Castello Branco, deixou o governo em 15 de março de 1967 tendo dado ao universo político uma arrumação esquisita: dois partidos políticos, um da revolução (assim era chamado o golpe de 1964), outro da oposição, sendo que este mal se agüentava nas pernas; um marechal presidente da República eleito faz-de-contamente pelo Congresso; uma Constituição APRESSADAMENTE elaborada e aprovada pelo Congresso, que extinguia os poderes excepcionais estabelecidos nos Atos Institucionais 1 e 2, o que significava o restabelecimento do regime democrático. Difícil que desse certo.

Não deu mesmo.

> *Se for para ser rejeitada, a votação será comandada por outro líder...*

No fim de 1966, como vimos, o Governo enviou ao Congresso um projeto de Constituição para ser aprovado em um mês. Parecia brincadeira, mas não era. O texto fora preparado pelo ministro da Justiça, Carlos Medeiros Silva, jurista com prática nesse tipo de ação – ele ajudara, em 1937, o então ministro da Justiça Francisco Campos a preparar o texto da Constituição que instituiu a didatura do Estado Novo. Seus desafetos diziam que, naquela ocasião, ele apenas datilografara o texto. Os udenistas ainda na ativa, à frente o intrépido senador gaúcho Daniel Krieger, presidente da Arena e líder do Governo no Senado, não se conformaram. O senador Afonso Arinos fez um discurso reclamando da falta, no projeto, de um capítulo consagrando os direitos e as garantias individuais. No seu livro de memórias *Desde as Missões*, Krieger recorda:

> Ouvi com agrado o discurso e revigorei a minha decisão de lutar para que fossem expressamente insertos na Constituição os direitos e as garantias individuais. No dia seguinte ao pronunciamento fomos jantar. Milton Campos, Afonso Arinos, Dinarte Mariz e eu. O assunto predominante foi a nova Constituição e, em particular, o discurso do Afonso, proferido no dia anterior.
> Pedi a Arinos, com o aplauso dos outros, que redigisse a emenda. Ele estava um tanto cético. Insistimos. Voltando-se para mim, indagou:
> – Você se compromete a aprová-la?
> – Sim. Se for para ser rejeitada, a votação será comandada por outro líder do governo.
> Num espaço de horas, Afonso Arinos entregou-me o texto. Na oportunidade, estava em meu gabinete o senador Milton Campos, que ouviu comigo a leitura pelo autor. A fim de não agravar suscetibilidades – Afonso havia sido muito duro e contundente na análise do projeto – pedi-lhe que não assinasse a emenda. Posteriormente, solicitei ao vice-líder Eurico Rezende que a subscrevesse.

No avião presidencial, em uma das nossas idas ao Rio, entreguei ao marechal Castello Branco uma cópia da emenda.

– Presidente, nós estamos fortalecendo o Poder Executivo para defender a democracia e não há democracia sem direitos e garantias individuais. Eu não posso admitir uma Constituição democrática, sem esse capítulo.

Dias depois, Krieger foi convocado para uma série de reuniões com integrantes do Governo, para decidir sobre o projeto final de Constituição. Ele conta:

Às dez horas iniciamos a reunião. O exame da matéria corria tranqüilamente, quando surgiu o capítulo dos direitos e garantias individuais. O ministro da Justiça iniciou a discussão com as seguintes palavras: "Esta emenda está muito mal redigida".

Não me contive e repliquei: "Quem a redigiu sabe muito mais Direito Constitucional do que vossa excelência".

No decurso da análise, o ministro, com sua inata intolerância, voltou-se novamente contra a aprovação da emenda. Contestei-o, com rispidez: "Vossa excelência já colaborou na feitura da Constituição de 1937 e o país pagou um pesado tributo. Eu fui preso diversas vezes. A minha capacidade de transigência esgotou-se. Não estou disposto a abrir mão de nenhum dos dispositivos do capítulo".

O presidente interferiu: "Ministro, o senhor teve a glória de elaborar o anteprojeto. Vamos atender o nosso líder."

"A emenda foi integralmente aceita."

Com o capítulo redigido por Afonso Arinos a Constituição foi aprovada e vigorou por quase dois anos. Foi revogada, na prática, pelo Ato Institucional número 5, que instalou um regime sem garantias nem direitos de qualquer espécie.

CAPÍTULO 23

AQUI SE APRENDE QUE COM MILITAR NO CENTRO DO PALCO NÃO SE TEM *Show* DE DEMOCRACIA

ESSA MISTURA DE DEMOCRACIA COM PRESIDENTE MARECHAL INDICADO pelo Exército não resistiu nem dois anos. Em meados de 1968 intensificou-se a agitação, por conta sobretudo dos estudantes (nessa época lá estava o JOSÉ DIRCEU comandando a garotada, levando bordoadas, cheirando gás lacrimogêneo, eventualmente viajando de camburão rumo ao cárcere).

O MDB saíra das eleições de 1966 com uma bancada de deputados em que despontavam alguns jovens aguerridos, praticamente sem passado de militância na política convencional. Pouco antes da Semana da Pátria, em setembro de 1968, um desses novatos – o jornalista Márcio Moreira Alves, deputado pelo Estado da Guanabara, que vinha a ser exatamente a Cidade do Rio de Janeiro – fez um discursinho de dois ou três minutos, criticando os militares pela violência empregada na repressão aos protestos dos estudantes, convidando a população a boicotar os festejos de 7 de setembro e recomendando às moças brasileiras que se recusassem a dançar com os cadetes das escolas militares nos bailes que vies-

NÃO SEI SE O CITADO CHEgou a sofrer todos esses dissabores. Sei que era esse o cardápio servido a todos eles.

sem a ser realizados naquele feriadão. O discurso poderia ser considerado uma brincadeira, que morreria ali mesmo no plenário da Câmara, uma vez que nem chegou a ser noticiado nos jornais. Mas mãos misteriosas cuidaram de providenciar cópias para serem enviadas a todas as repartições do Exército pelo país afora. De lá retornaram manifestações de desagrado e logo o Poder Executivo enviou à Câmara pedido de licença para processar o deputado Moreira Alves, na Justiça, por ofensa ao Exército. Câmara e Senado, notoriamente, têm feito mau uso do princípio da imunidade parlamentar, usando-o quase sempre para impedir que deputados e senadores respondam à Justiça por crimes comuns. Naquele caso, todavia, estava limpidamente contemplado o figurino institucional: o Governo pedia licença para processar o deputado por ter manifestado uma opinião. A imunidade parlamentar existe exatamente para isso: garantir ao representante do povo o direito de dizer qualquer coisa, sem importar a quem ela desagrade – aí incluído o Exército.

Durante pouco mais de dois meses o processo tramitou pela Câmara. Foram dias sombrios, agourentos. Tratava-se de uma clara provocação, sabiam todos: conceder a licença seria destroçar um princípio básico da representação parlamentar; negá-la seria desafiar a força do poder militar. O partido da oposição, vamos lembrar, era frágil: para nascer, dois anos antes, precisou da ajuda dos parteiros governistas. Posta a questão a votos no plenário, no dia 12 de dezembro, a licença foi rejeitada por 216 votos contra 141, havendo doze votos em branco.

No dia seguinte, 13 de dezembro, o Governo baixou o Ato Institucional número 5, que dava ao presidente da República todo poder para fazer o que quisesse sem dar contas a ninguém. O Congresso foi fechado. Centenas de mandatos foram cassados. Centenas, talvez milhares de pessoas foram presas. Com os militares no centro do palco, mesmo aquela democracia meia sola não era possível.

CAPÍTULO
24

Coisas do Brasil: O Ditador Voltou Eleito pelo Povo, os Campeões da Democracia Montaram a Ditadura

NA REPÚBLICA VELHA NÃO HAVIA PROPRIAMENTE OPOSICIONISTAS. TOdos os políticos, em todos os Estados, eram integrantes do mesmo sistema de poder. Dissidências despontavam sempre, nos Estados disputava-se o comando da administração com todas as armas disponíveis, inclusive as de fogo. Sempre havia vencedores e vencidos, mas estavam todos no mesmo barco. A Revolução de 1930 foi feita pelos governantes de três Estados – os de Minas Gerais, inconformados com a possibilidade de São Paulo bisar a Presidência da República; do Rio Grande do Sul, empenhados em subir para o patamar dos verdadeiros comandantes do processo político, onde ficavam apenas paulistas e mineiros; e da pequena Paraíba, por mero acidente de percurso.

Na eleição daquele ano, vimos lá atrás, Minas não deu a Getúlio Vargas o número de votos esperado. Sinal de que os governantes do Estado não tinham pleno comando da política local. Esses aliados mineiros foram dos mais influentes na Assembléia Constituinte de 1934, que montou o arcabouço de um

Estado liberal e democrático, com importantes aperfeiçoamentos no processo eleitoral. Exercendo o poder, Getúlio Vargas aproximou-se dos políticos do outro lado, enfraquecendo as posições, no Estado, dos aliados da Revolução. E com os novos amigos foi para o golpe do Estado Novo. Natural, portanto, que os excluídos estivessem entre os principais líderes daquelas manifestações contra a ditadura – o *Manifesto dos Mineiros*, o congresso jurídico, o congresso de escritores, só para citar os mais evidentes. No restabelecimento da democracia, em 1945, os novos aliados de Getúlio formaram o Partido Social Democrático, o PSD, que venceu a eleição com o candidato Eurico Gaspar Dutra, um general que logo se tornaria marechal; os adversários fundaram a União Democrática Nacional, a UDN, e perderam a eleição com o candidato Eduardo Gomes, brigadeiro. Getúlio, recolhido ao exílio no pampa gaúcho, manobrou para a formação de um terceiro partido, o Trabalhista Brasileiro, e com ele deu representação, no universo político, aos setores urbanos da população, à indústria sobretudo, que tivera notável desenvolvimento no seu período de governo ditatorial.

Em 1950 houve dois acontecimentos importantíssimos no Brasil. O campeonato mundial de futebol, o primeiro depois da Grande Guerra Mundial, preparado com todo cuidado para nossa vitória: além de contarmos com uma seleção cheia de craques, como Zizinho, Ademir, Jair, Danilo, Bauer, os adversários da Europa vinham enfraquecidos por vários anos de miséria e destruição e os grandes rivais latino-americanos, os argentinos (na época o principal, mais desenvolvido e mais moderno país da região) nem estavam na disputa. Pois conseguimos perder para os uruguaios.

Depois do campeonato, houve a eleição para presidente. A UDN veio com o mesmo brigadeiro Eduardo Gomes da der-

ATÉ RECENTEMENTE, USAVA-se no mundo político o verbo cristianizar para definir a situação de candidatos que não contam com apoio seguro de seus partidos, ou são lançados apenas para fortalecer posições para uma negociação futura, mais vantajosa. A palavra consta dos dicionários, mas não com esse significado.

rota anterior; o PSD, formalmente com o mineiro Cristiano Machado; o PTB, com Getúlio Vargas. Durante o desenrolar do processo eleitoral, ficou evidente que boa parte do PSD estava com Getúlio, principalmente aqueles seus novos aliados mineiros.

Repriso o que já escrevi em algum lugar aí atrás: futebol e política são duas caixinhas de surpresas. Aliás, tudo que está neste capítulo é reprise de coisas já escritas antes. Tenha paciência. É importante fixar esse papel desempenhado pelos udenistas, que jamais se conformaram com isso: a democracia que eles duas vezes trabalharam caprichosamente para esculpir, detalhe por detalhe, trazia de volta ao poder o ditador que a mandara para a lata de lixo. Levados por esse inconformismo, combateram o governo constitucional de Getúlio de forma implacável, no Congresso e na imprensa. Pior: tudo fizeram para arrastar os militares para a sua guerra política. Não havia negociação possível. Mesmo a destruição física do adversário, com o suicídio de Getúlio, não chegou a ser uma vitória política; seu sucessor já seria do PSD. Cinco anos depois eles pareciam ter chegado ao poder, com Jânio Quadros. A renúncia devolveu o governo aos adversários.

É muita frustração para uma geração de gente muito brilhante que já vai chegando ao fim da vida. É compreensível que muitos deles tivessem se colocado na linha de frente da conspiração contra o novo governo.

Mas não parece natural o paradoxo: na primeira vez, estavam na frente do movimento para derrubar uma ditadura; na segunda, para instalar outra.

CAPÍTULO 25

Parece Épico, mas Foi Grotesco: Um a um, os Sacerdotes do Liberalismo Encararam a Verdade da Ditadura

EM 1964 OS MILITARES FORAM DIRETO AO PONTO: ASSUMIRAM ELES próprios o poder. Os udenistas, também chamados bacharéis, os defensores do Estado democrático liberal, ficaram na periferia do governo, visivelmente constrangidos. Milton Campos, para quem já defendi neste texto uma auréola de santo, foi para o Ministério da Justiça. Pedro Aleixo ficou na liderança da bancada dita revolucionária na Câmara dos Deputados. Bilac Pinto, Adauto Lúcio Cardoso e José Bonifácio de Andrada (descendente do Patriarca da Independência) foram sucessivamente presidentes da Câmara dos Deputados. Todos orgulhavam-se da condição de signatários do corajoso Manifesto dos Mineiros, onde haviam afirmado sem meias palavras, em pleno desenrolar da Segunda Guerra Mundial, em que o Brasil lutava contra as ditaduras nazista e fascista:

Regenerados, porém, pelo sofrimento, purificados pela dor, os povos ocidentais compreenderam, ainda uma vez, que, fora da democracia, não há salvação possível para a paz e as liberdades que enobrecem a alma e exaltam a espécie humana.

Milton Campos foi o primeiro. Ele já estava incomodado pelo fato de que, pelo país afora, comandantes militares mandavam prender pessoas, por causa de suas preferências políticas, sem dar-se ao trabalho de sequer informar ao Ministério da Justiça. "Ninguém será privado de direitos por motivo de crença religiosa ou de convicção filosófica ou política", reza o ideário do Estado liberal.

Assim está escrito na Constituição atualmente em vigor.

Em 1965 foram realizadas eleições diretas para os governos de onze Estados.

Os eleitores da Guanabara e de Minas Gerais tiveram o mau gosto de preferir os candidatos do PSD. Ambos eram governados por udenistas – Carlos Lacerda, na Guanabara, e Magalhães Pinto, em Minas. Armou-se uma crise, que logo assumiu contornos militares. O presidente Castello Branco conseguiu garantir a posse dos eleitos, ao preço de tornar indiretas as eleições do ano seguinte, para os governos dos outros dez Estados – entre os quais dois centros importantíssimos, São Paulo e Rio Grande do Sul. O discreto Milton Campos, prevendo o que estava por vir, deixou o Ministério quando foi assegurada a posse dos eleitos, mas antes de ser decidida a eleição indireta dos futuros governadores.

O tamanho do mandato dos governadores era definido pelas constituições estaduais. Onze Estados tinham mandatos de cinco anos, dez tinham mandatos de quatro anos.

O que estava por vir, veio: o Ato Institucional número 2, que dava plenos poderes ao presidente da República para fazer e acontecer e, de passagem, extinguia os partidos políticos. E de passagem também, atingiu outro udenista importante: o brigadeiro Eduardo Gomes, ministro da Aeronáutica que se recusava a assinar um documento que acabava com sua amada UDN.

Em 1966, vigente o Ato Institucional, realizaram-se eleições para o Congresso Nacional e as Assembléias Legislativas. Como sempre acontece nessas ocasiões, Câmara e Senado não funcionavam nos meses que antecediam a eleição. Todos os congressistas estavam em seus Estados caçando eleitores. Assim lá bem longe ficaram sabendo que o presidente usara os poderes do Ato Institucional para cassar os mandatos de seis deputados, quase todos do combalido MDB. Assustados, os oposicionistas correram todos para Brasília. Juntos, no supostamente inviolável reduto do edifício do Congresso, criaram coragem para botar a Câmara a funcionar, dispostos a acionar o dispositivo regimental que permite ao deputado mais idoso instalar e presidir sessões, na ausência do presidente da Casa.

Mas não foi preciso usar o artifício regimental. Para espanto geral, o presidente Adauto Lúcio Cardoso compareceu para cumprir sua tarefa, único arenista no meio de uma multidão emedebista. Instalou a sessão e deixou que os oposicionistas discursassem à vontade, criticando o governo e a violência praticada. Inclusive os cassados. Adauto declarava-se portador de compromisso verbal do presidente Castello Branco, que não fora respeitado, de que não seriam efetuadas cassações durante a campanha eleitoral. E assim manteve-se inflexível durante uma semana, presidindo diariamente a sessão de discursos oposicionistas (o MDB não tinha deputados suficientes para realizar votações), e mantendo as prerrogativas dos cassados.

As sessões de discursos duravam duas horas, no máximo. Fora daí, não havia o que fazer, a não ser conversar. Passei horas conversando com Adauto Lúcio Cardoso. Não sei porque tratava-me com alguma deferência. Gabava-me a abundância de cabelos, eu retribuía elogiando a elegância dos ternos sempre impecáveis, apesar da precariedade dos serviços disponíveis na Brasília de então. Foi comovente acompanhar esse homem admirável, digno de respeito por qualquer ângulo que se o encarasse, tentando formular explicações para o contra-senso de imaginar possível aperfeiçoar a democracia tomando o atalho da ditadura, acreditando que ela pudesse ser contida no espaço, no tempo e na violência. Na época, dei pouca importância ao que me dizia. Vivíamos ainda o período da ditadura mansa, civilizada, que cassava mandatos e suspendia direitos políticos, mas ainda não institucionalizara a violência física como método de atuação, malgrado os muitos brasileiros obrigados ao exílio e alguns excessos cometidos aqui e ali por autoridades de baixo escalão.

Surgiu, num daqueles dias, a informação de que Pedro Aleixo lhe telefonara, tentando iniciar um contato para pôr fim àquela situação esquisita. Naquele momento, Pedro Aleixo era líder da bancada do Governo na Câmara e seria indicado vice-presidente do marechal presidente a ser eleito Arthur da Costa e Silva, para governar em 1967.

Confirmou o telefonema e admitiu o malogro da tentativa. Perguntei-lhe como um político como Pedro Aleixo conseguia conviver com aquela situação, num papel destacado como o de líder do Governo. Respondeu-me com uma ponta de desalento:

— Espere, meu filho. Espere, que o Pedro também terá a sua hora do encontro com a verdade. Como todos nós da UDN estamos tendo.

Pedro Aleixo encontrou-se com a sua verdade no dia 31 de agosto de 1969, quando os ministros militares forçaram-no a viajar para o Rio de Janeiro e lhe comunicaram que não substituiria o presidente Costa e Silva, vítima de uma trombose cerebral e por isso impossibilitado de governar. Eles próprios, transformados numa grotesca Junta Militar, exerceriam o poder. Pedro Aleixo insistiu em que se cumprisse a Constituição, não foi atendido, e ficou retido no Rio de Janeiro, impedido de viajar. Não teve sequer a possibilidade de enviar um telegrama de protesto, como fizera em 1937, na decretação do Estado Novo, quando exercia a presidência da Câmara dos Deputados. Foi como se o raio, ignorando a tradição, caísse duas vezes não no mesmo lugar, mas sobre a mesma cabeça. Em favor do vice-presidente é preciso registrar que em dezembro de 1968, quando a Câmara rejeitou o pedido de licença para processar o deputado Márcio Moreira Alves na Justiça, manifestou-se contra a edição do Ato Institucional número 5. Os militares disseram claramente que não lhe passariam o Governo por causa disso – mas é de duvidar que o fizessem, mesmo que não houvesse essa circunstância.

Bilac Pinto foi para a embaixada em Paris, onde, acreditava-se, seria preservado do desgaste dos embates políticos diários, para surgir como o civil que sucederia a Castello Branco na presidência, restaurando a democracia. Nunca chegou a presidente, mas foi consolado com uma cadeira no Supremo Tribunal Federal. José Bonifácio encontrou sua verdade no dia 13 de dezembro de 1968, quando foi editado o Ato Institucional número 5. Presidente da Câmara, respondeu com uma banana bem vistosa ao correligionário que lhe cobrava um gesto de resistência.

CAPÍTULO 26

O Dia Glorioso em que Todos foram Votar na Oposição e Enterraram o Brasil da Ditadura

VAMOS VOLTAR AO PARÁGRAFO TRÊS DO CAPÍTULO 22, ONDE INICIEI ESSA longa volta para escrever sobre a ditadura, um contra-senso sendo este um livro sobre a democracia. Está escrito lá:

> Em 1974 foi para a Presidência o general Ernesto Geisel. Tinha no coldre o Ato Institucional número 5, que lhe dava poderes quase tão amplos quanto aqueles desfrutados pelos reis antes das Revoluções Americana e Francesa. Estes tinham de prestar contas de seus atos apenas a deus, de quem supostamente haviam recebido o poder; nossos generais presidentes prestavam contas às Forças Armadas.

Numa nota marginal, adverti sobre o cuidado com que se devia considerar a observação "prestar contas", em se tratando do general Geisel. Era um homem bravo. Duro. Implacável. Recebeu do Alto Comando do Exército a tarefa de governar o país num regime ditatorial, com o Ato Institucional em vigor. Cumpriu-a integralmente, sem perguntar a ninguém se estava bom ou estava mau. Ao fim de cinco anos, entregou a Presidência a outro general, João Figueiredo, por ele escolhido. O Ato Institucional estava revogado. Sem poderes especiais, Figueiredo deveria governar seis anos e entregar a Presidência a um civil, que cuidaria de restabelecer o regime democrático no país.

Mas voltemos a 1974. Havia dois partidos: a Arena, do Governo, e o MDB, da oposição. O MDB nascera frágil, tivera uma vida atribulada, em vários momentos alguns de seus militantes pensaram em dissolvê-lo, por inútil. A eleição indireta do general Ernesto Geisel era favas contadas: seria feita em janeiro, pelo Congresso, a Arena tinha enorme maioria, deputados e senadores estavam submetidos ao princípio da fidelidade partidária, o que significava que ninguém poderia votar contra o candidato do seu partido. Pois nesse túnel escuro, sem o brilho de nenhuma luz lá no fim, a oposição teve um lampejo de genialidade: mesmo sem poder ganhar, o presidente do MDB, deputado Ulysses Guimarães, foi feito candidato e saiu pelo país, fazendo uma campanha aparentemente sem sentido. Tanto que o próprio Ulysses preferia chamar-se anticandidato. O fato é que sua anticampanha agitou um pouco o ambiente político, embora Geisel vencesse tranqüilamente, como estava programado.

Em novembro, houve a eleição para o Congresso. As regras eram safadas, principalmente na eleição para o Senado, que era majoritária. Estava em disputa uma vaga em cada Estado. Os partidos podiam indicar até três candidatos, em cada Estado, os votos dos três seriam somados e a legenda que obtivesse mais votos ficaria com a vaga, que seria ocupada pelo seu candidato mais votado. Tudo feito para que a Arena ficasse com todas as cadeiras em disputa, pois o MDB, minúsculo, não teria três candidatos fortes para apresentar em todos os Estados.

Na verdade, não teve em nenhum. Todos os seus líderes mais populares, mais conhecidos, sabiamente preferiram candidatar-se a deputado, pois na eleição proporcional teriam garantido o mandato. A disputa pelo Senado seria uma aventura inglória, condenada ao fracasso. Assim, foram indicados candidatos para fazer de conta. Em São Paulo, o obscuro Orestes Quércia, ex-deputado estadual e ex-prefeito de Campinas. Em Minas, o igualmente obscuro ex-prefeito de Juiz de Fora, Itamar Franco. No Rio Grande do Sul, Paulo Brossard, orador brilhante, jurista, ex-deputado estadual. Na Paraíba, Rui Carneiro, político tradicional, de uma família poderosa. Estes ainda eram conhecidos, tinham algum prestígio. No Paraná recorreu-se a um advogado, Leite Chaves, que jamais tivera qualquer atividade política, porque ninguém aceitou a candidatura. No Rio Grande do Norte, pelo mesmo motivo, recorreu-se a um modesto ex-marinheiro, Agenor Maria. E assim foi no Brasil inteiro. No Maranhão, que começava a ser da família Sarney, ninguém quis ser candidato da oposição.

A eleição foi no dia 15 de novembro, feriado, sexta-feira. Ninguém combinou nada com ninguém, até porque naquele tempo a campanha pela televisão não era nacional, nem havia pesquisas de opinião pública que antecipassem tendências. Ainda assim, foi como se todos os brasileiros tivessem combinado sair de casa naquele dia glorioso com o mesmo propósito: votar nos candidatos da oposição, quaisquer que fossem eles. Ou mesmo onde eles não existiam, como no Maranhão, onde o arenista Henrique La Rocque teve de lutar arduamente para bater os votos brancos e nulos. Mesmo com aqueles candidatos de terceira categoria (em alguns casos, sem categoria alguma) o paupérrimo MDB ficou com dezesseis cadeiras das 22 que estavam em disputa. A reportagem da revista *Veja* sobre o episódio, refeita apressadamente na manhã de sábado, quando começaram a chegar os números daquele fenômeno impensável, começou com uma frase peremptória: "Sexta-feira Foi Enterrado um Brasil".

CAPÍTULO 27

De como o General Ernesto Geisel Tocou a Abertura Dando Chicotadas à Direita e à Esquerda

O GENERAL ERNESTO GEISEL CHEGARA À PRESIDÊNCIA DA REPÚBLICA COM um projeto bem definido: promover o que ele chamou "a abertura política" de forma lenta, gradual e segura. Restabelecer o regime democrático aos pouquinhos. A eleição dos senadores com certeza mostrou-lhe que estava no caminho certo. Começou suspendendo a censura aos meios de comunicação. As direções da Arena e do MDB passaram a conversar ativamente – e produtivamente, pois agora os arenistas tinham autorização do presidente para negociar. Influentes entidades do que se convencionou chamar "sociedade civil" entraram na conversa: a Associação Brasileira de Imprensa, a Ordem dos Advogados do Brasil, a Conferência Nacional dos Bispos do Brasil, entidades patronais.

Respirava-se melhor, mas em nenhum momento houve qualquer dúvida de que quem mandava e decidia era Geisel. Quando a oposição encheu-se de brios e recusou seus votos no Congresso para aprovar uma reforma do Poder Judiciário, ele sacou o Ato Institucional, pôs o Congresso em recesso, fez a reforma por decreto, reabriu o Congresso e a vida continuou. E as conversas também. Quando o órgão de segurança do Exército em São Paulo, o tristemente famoso DOI-CODI, matou dois presos políticos, ele demitiu o comandante da região, um general de quatro estrelas, de forma fulminante. E pouco depois, quando o próprio ministro do Exército tentou barrar a caminhada da abertura, sonhando, quem sabe, em vir a ser ele próprio o presidente, foi dispensado na manhã de um feriado, de forma igualmente fulminante. E a conversa continuou.

O fato é que quando o sucessor de Geisel, o general João Baptista Figueiredo, assumiu a Presidência da República no dia 13 de março de 1979, o Ato Institucional estava revogado, a Constituição de 1967 em vigor novamente e o caminho da abertura definitivamente aberto. Já no primeiro ano do novo governo o Congresso aprovou a lei da anistia, todos os políticos que tiveram seus direitos políticos suspensos voltaram à ativa, os exilados retornaram ao país, morreram a Arena e o MDB e organizaram-se novos partidos, livremente. Os governadores de Estado passaram a ser eleitos diretamente pelo povo. Claro que imediatamente começou-se a reivindicar para o mesmo povo o direito de eleger também o presidente da República.

Um projeto de emenda constitucional com esse objetivo foi apresentado no Congresso por um deputado da oposição. Houve pequenas manifestações promovidas pelos partidos de oposição, pregando sua aprovação. Governadores do MDB, então transformado em PMDB, estimularam o movimento, que se tornou verdadeira avalanche rolando morro abaixo.

Em 12 de março de 1984 duzentas mil pessoas comparecem ao comício das Diretas Já realizado em São Paulo. No Rio de Janeiro, foram trezentas mil no dia 21 e um milhão em 10 de abril. Dois dias depois, trezentas mil em Goiânia. No dia seguinte, 150 mil em Porto Alegre. No dia 16, 1,7 milhão em São Paulo.

No dia 25 de abril a emenda restabelecendo a eleição direta foi votada no Congresso. Duzentos e noventa e oito deputados e senadores votaram sim, 65 não e 112 não tiveram coragem de dizer nem sim, nem não. A emenda foi aprovada, mas reformas da Constituição precisam de um mínimo de votos para entrarem em vigor, e esse mínimo não fora atingido. Assim as eleições não se tornaram diretas. Houve um grande sentimento de frustração. Parecia que aquela gloriosa manifestação pública, que se apresentara em todo o país com a mesma força e o mesmo vigor, fora derrotada. Qual o quê. Foi um pequeno atraso, sem dúvida. Deputados e senadores tiveram medo, mas o povo corajosamente saiu à rua para dizer sim no lugar deles. O caminho estava traçado e não haveria recuo.

A eleição do sucessor do sucessor de Geisel foi indireta, mas – grande diferença – o candidato vitorioso era da oposição. Para que a democracia se instalasse de novo no país faltava apenas que os representantes do povo se reunissem em Assembléia Constituinte para elaborar uma Constituição. Amparada naquela FORMIDÁVEL manifestação popular de vontade, a Constituinte foi convocada, eleita, e os representantes esculpiram com todas as minúcias necessárias o Estado democrático liberal em que hoje vivemos.

ESTÁ NO AURÉLIO: *"FORMIdável (do latim* formidabile*): medonhamente grande; descomunal; colossal".*

Ainda Falta uma Salva de Palmas

Essa às vezes exasperantemente lenta caminhada de VOLTA À DEMOCRACIA revelou algumas pessoas notáveis, nem todas famosas.

Cito de memória, no lado da oposição, no Congresso Nacional: Tancredo Neves, Thales Ramalho, Franco Montoro; do lado do Governo, Petrônio Portella; na chamada sociedade civil, o então presidente da OAB, Raymundo Faoro, o presidente da ABI, Barbosa Lima Sobrinho. E um militar de baixa patente, mais civil do que soldado pelo tipo de cultura que cultivava, notável lucidez política: Golbery do Couto e Silva.

E dois heróis. ULYSSES GUIMARÃES, presidente do MDB, insuperável na capacidade de manter e reacender o ânimo dos seus comandados, nos momentos mais negros vividos no começo dos anos 70, irrepreensível na arte de avançar e retroceder, sem nunca entregar um palmo do terreno conquistado. O segundo foi o general Ernesto Geisel, com seu programa de abertura lenta, gradual e segura conduzido com mão de ferro. Chicoteou duramente a oposição em vários momentos, em outros ignorou a opinião pública. Mas arrasou o território dos organismos para-militares de repressão, que se opunham à abertura, por motivos óbvios. Mesmo já fora da Presidência, quando esses setores ensaiaram um arreganho, explorando a falta de ânimo do presidente João Figueiredo, ele desceu do seu retiro em Teresópolis e foi a Brasília repor as coisas nos eixos.

Olhando agora bem à distância, fica até a impressão de que Geisel e Ulysses ensaiaram para dançar juntos esse minueto de avanços e recuos, ousadia e humildade, que acabou dando absolutamente certo. O ensaio com certeza não houve, mas eles se completaram.

Ulysses colheu em vida a glória do seu desempenho. Geisel, findos o governo e o Ato Institucional número 5, retirou-se para o exílio de Teresópolis, onde viveu tranquilo e isolado seus últimos anos. O Brasil democrático ainda lhe deve pelo menos uma salva de palmas.

ATENÇÃO, POR FAVOR: escrevi volta à democracia e *não* luta contra a ditadura. *Esta teve incontáveis combatentes de valor, que seria impossível nomear sem cometer injustiças.*

HOUVE UM MOMENTO NESse bailado em que Ulysses escorregou bisonhamente: num acesso de ira, comparou Geisel a Idi Amin Dada, grotesco ditador da República de Uganda, na África, que seria símbolo universal de ridículo não fosse antes exemplo de selvagem sanguinário e ladrão irresponsável. Geisel olimpicamente fez que não ouviu e a abertura continuou lenta e segura. Alguns anos depois, quando se começava a ensaiar a epopéia das Diretas Já, perguntei a Ulysses, numa entrevista na TV Cultura de São Paulo, se repetiria a comparação. Ele corajosamente se retratou.

EPÍLOGO

APESAR DOS MUITOS IDIOTAS QUE HÁ POR AÍ, AS CÂMARAS DE
REPRESENTANTES DO POVO VÃO CADA VEZ MELHOR

VOCÊ, QUE TEVE PACIÊNCIA PARA VENCER ESSAS PÁGINAS TODAS E CHEGAR
até aqui, terá visto que são apenas dois os períodos de nossa História em que desfrutamos de uma democracia parlamentar representativa digna do nome: de 1945 a 1964 e de 1988 até hoje. Fora daí, o que tivemos foram grotescas mistificações. Ainda assim, não se encha de complexos de inferioridade, pensando que apenas no Brasil tem sido assim. Os princípios do liberalismo foram estabelecidos no fim do século 18 pelas revoluções americana e francesa, mas o desenvolvimento das instituições que tornaram os governos deles decorrentes razoavelmente bem representativos foi lento em toda parte.

Veja, por exemplo, a concessão às mulheres do direito de votar e ser votadas. O primeiro lugar onde conseguiram isso foi na Nova Zelândia, em 1893. Depois, em rápida sucessão, na Austrália (1902), Finlândia (1906) e Noruega (1913). Na França, o país da gloriosa revolução liberal no século 18, elas só votaram em 1944, bem no fim da Segunda Guerra Mundial. As italianas no ano seguinte, 1945. As inglesas em 1918.

As americanas em 1920 e as argentinas só em 1947. As brasileiras puderam votar em 1932, graças à vitória da Revolução de 1930, e de saída já enviaram duas representantes para a Assembléia Constituinte de 1934: Berta Lutz e Carlota Pereira de Queirós. Mas, graças à legislação da República Velha, que deixava com os Estados a regulamentação do processo eleitoral, as privilegiadas moradoras do Rio Grande do Norte votavam desde 1927.

Vimos que o fim da primeira ditadura, em 1945, foi melancólico: um político e um general foram ao palácio dizer ao ditador que arrumasse as malas e fosse descansar em sua estância, no pampa gaúcho. O fim da segunda, ao contrário, teve surpresa e apoteose. Surpresa no dia de 1974 em que quase todos os brasileiros saíram de casa para votar na oposição, mesmo nos lugares onde ela não tinha candidatos. Isso sinalizou aos ditadores que estava na hora de sair de cena. A apoteose veio com a exuberante campanha das Diretas Já, milhões de pessoas nas praças de quase todas as cidades do país, exigindo o direito de votar para presidente da República.

Não se votou imediatamente para presidente e por isso ainda hoje há quem lamente a derrota daquela extraordinária onda de manifestações públicas. Pobres coitados que não sabem o que pensam! Em 1984 o povo ganhou de goleada, e isso ficou patente quatro anos depois, quando a Assembléia Nacional Constituinte esculpiu um regime democrático parlamentar representativo soberbo, já explicitado por uma eloqüente conjunção alternativa colocada no parágrafo único do artigo primeiro: "Todo o poder emana do povo, que o exerce por meio de representantes eleitos...", escreveu-se, repetindo o que se escreve em todas as constituições de regimes democráticos representativos desde a Revolução Francesa. Mas nossos constituintes acrescentaram: "... ou diretamente". Ou seja, não dependemos mais apenas dos nossos representantes na Câmara dos Deputados, na Assembléia Legislativa ou na Câmara de Vereadores para fazer funcionar a democracia. Podemos cobrar providências, pedir explicações, exigir prestação de contas. Podemos até apresentar projetos de lei no Congresso Nacional. Mas muito melhor do que isso, em apenas vinte anos de vigência desse regime surgiram partidos, políticos e governantes dispostos a implementar programas atendendo a esse princípio constitucional. O Ministério da Educação tem uma penca deles: a merenda escolar, a distribuição dos livros didáticos, as verbas do Fundo de Desenvolvimento do Ensino Fundamental e Valorização do Magistério, tudo isso está submetido a conselhos de representantes das comunidades, não em Brasília, mas nos municípios. O mesmo acontece no Ministério da Saúde. No programa Comunidade Solidária. Não me acuse de estar entoando um hino de louvor aos políticos do PSDB. Os do PT, onde foram chamados a governar Estados e municípios, também fazem tudo isso, e até mais do que isso: costumam atrair representantes das comunidades para ajudar na tarefa de distribuir as verbas orçamentárias. Coisa mais complexa e sofisticada. Isto é um desdobramento inevitável do ímpeto de participação popular nas coisas públicas desencadeado a partir da redemocratização do país.

Com certeza você não sabe que está em vigor uma moderna legislação, que começa na Constituição Federal e se desdobra em leis federais, estaduais e municipais, para cuidar da água. Foi elaborada no Congresso Nacional, nas Assembléias Legislativas e nas Câmaras de Vereadores, não deu briga, CPI, dinheiro em cima da mesa – ou seja, não deu espetáculo. Na verdade, foi um trabalho lento, demorado, chatíssimo. Impossível tirar dali uma manchete rentável. A água é um recurso natural importantíssimo, de que somos, os brasileiros, os maiores possuidores. Há quem garanta já estar se tornando mais valiosa do que o petróleo. Está se tornando também um problema complicadíssimo, pois quanto mais a população se urbaniza, fazendo crescer as cidades e os aglomerados de cidades, mais ela se polui e degrada. Para resolver essa encrenca, a tal legislação entregou a tarefa de cuidar das bacias hidrográficas de todo o país a comitês onde estão representados igualitariamente os governos estaduais, municipais e as comunidades dos territórios por onde elas passam. Trata-se de uma experiência fantástica, extraordinária. Nesse caso, representantes da comunidade podem ser tanto o favelado, sem direito a esgoto e coleta de lixo, quanto o diretor da gigantesca fábrica de papel, que até recentemente podia pegar de graça quanta água necessitasse para rodar suas turbinas e jogar suas sujeiras na que restasse nos rios, córregos e riachos, para ser levada para bem longe.

Nas bacias onde a urbanização é tênue, a água limpa e abundante, os comitês têm vida mansa. Onde a urbanização é densa, a água escassa e suja – na Região Metropolitana da Grande São Paulo, por exemplo – eles vão rapidamente se tornando locais de debates e disputas acalorados. Pratica-se ali a mais importante e elementar virtude do regime democrático: a busca da conciliação de interesses divergentes. No tempo da ditadura, essa questão estava centralizada em Brasília e cuidar da água era tarefa de gigantescas empresas estatais. Pois são os técnicos e especialistas dessas empresas que durante muitos anos operaram autocraticamente nesse terreno que garantem: os comitês comunitários são a última chance de conseguir preservar nossas águas razoavelmente puras para consumo.

Estamos avançando muito, e rapidamente, no exercício efetivo da cidadania. Cada vez mais pessoas se preocupam com as questões públicas e se dispõem a dedicar um pouco de seu tempo e de sua atenção para ajudar a solucionar os problemas delas decorrentes. Mas não tem havido uma mobilização semelhante em torno dos processos político e eleitoral. Sobretudo da eleição para a Câmara dos Deputados, as Assembléias Legislativas e as Câmaras de Vereadores. Quase todas as pessoas manifestam enorme desinteresse, às vezes verdadeiro desdém, quando chamadas a pensar sobre essa questão. Isso é, ao mesmo tempo, uma injustiça e uma tolice. É verdadeiramente grande o número de idiotas (no seu significado grego) dentro do eleitorado.

Durante todo o período de democracia liberal que tivemos, de 1945 a 1964, a Câmara dos Deputados cassou o mandato de apenas um dos seus integrantes, e ele nem foi acusado de coisa alguma. Simplesmente, preparando-se para uma noitada de gala, deixou-se fotografar enquanto se vestia e apareceu nas páginas da revista *O Cruzeiro* de casaca e cuecas. A ditadura havia acabado há pouco, estávamos no começo do período democrático, o espírito cívico dos deputados estava afiadíssimo, e ele foi degolado por ofensa ao decoro parlamentar. Depois disso, nunca mais se cassou ninguém – mesmo deputados e senadores que cometeram crimes de morte (ou tentativa de) dentro do Congresso Nacional, à vista de todos, foram salvos pelo princípio da imunidade parlamentar administrado por um incontrastável espírito corporativo.

Pois nesse novo período de democracia liberal, a Câmara dos Deputados já fez uma implacável limpeza nos seus quadros, acabando com a farra dos "anões do orçamento". Junto com o Senado, pôs para fora um presidente da República considerado inidôneo. O presidente do Senado precisou renunciar, para não ser cassado, e o mesmo aconteceu com o político mais poderoso e arrogante dos tempos recentes. Apesar desse notório desinteresse dos eleitores, é preciso reconhecer que as coisas mudaram, para muito melhor, desde que voltamos a viver sob a democracia.

Para que continue perseverando e progredindo nesse bom caminho, o Congresso precisa estar submetido a uma vigilância implacável e severa por parte dos eleitores ali representados. Só assim se pode evitar que nossos representantes caiam em tentações. Alguns cairão, inevitavelmente, mas a experiência do convívio com eles durante tantos anos me mostrou que a maioria, no fim do mandato, pode repetir sem pecar as palavras de São Paulo: "Combati o bom combate, acabei a carreira e guardei a fé".

Estes, ao contrário, precisam de estímulo e afago. Se você é dos muitos que resistem à idéia de manifestar uma ponta que seja de simpatia pelos políticos e pelos governantes, achando que não há princípios nem espírito público no seu comportamento, peço que volte sua atenção mais uma vez para o dia 12 de dezembro de 1968, quando vivíamos um inviável sistema político em que um presidente indicado pelas Forças Armadas convivia, sem poderes excepcionais, com um Congresso recém-saído das urnas disposto a exercer a autonomia garantida pela nova Constituição.

Era uma Câmara que nem representava direito o povo brasileiro – nos anos anteriores, muitos políticos adversários do regime militar tiveram cassados seus mandatos e suspensos os direitos políticos, e não puderam disputar aquela eleição. Ainda assim, a maioria dos deputados negou ao presidente da República licença para processar um colega que manifestara sua opinião a respeito do comportamento do Exército num discurso pronunciado na tribuna. Todos sabiam que estavam enfiando o pescoço na guilhotina, mas tratava-se de defender não apenas um direito básico dos cidadãos no regime democrático – o de expressar e publicar livremente suas opiniões – mas uma prerrogativa do representante do povo, inviolável no exercício desse direito.

Com princípios, está registrado lá no capítulo nove deste livro, não se transige. Ao fechar a câmara de representantes do povo que se imolara na defesa de um princípio, a ditadura tornou-se no dia seguinte aparentemente mais poderosa.

Na verdade, estava começando a morrer.

REFERÊNCIAS BIBLIOGRÁFICAS

ABRANCHES, Dunshee de. *Como se Faziam Presidentes*. Rio de Janeiro, José Olympio, 1973.

ALMEIDA, José Américo de. *A Palavra e o Tempo – 1937-1945-1950*. Rio de Janeiro, José Olympio, 1986.

BOVERO, Michelangelo. *Contra o Governo dos Piores*. Rio de Janeiro, Campus, 2002.

CARONE, Edgard. *O PCB, 1922 a 1943*. São Paulo, Difel, 1982.

———. *O PCB, 1943 a 1964*. São Paulo, Difel, 1982.

———. *O PCB, 1964 a 1982*. São Paulo, Difel, 1982.

———. *A Primeira República, 1889-1930*. São Paulo, Difel, 1969.

———. *A Segunda República, 1930-1937*. São Paulo, Difel, 1973.

———. *A Terceira República, 1937-1945*. São Paulo, Difel, 1976.

———. *A Quarta República, 1945-1964*. São Paulo, Difel, 1980.

———. *A República Velha, Instituições e Classes Sociais*, 2ª ed. São Paulo, Difel, 1972.

———. *A República Velha, Evolução Política*. São Paulo, Difel, 1971.

———. *A República Nova, 1930-1937*. São Paulo, Difel, 1974

CARR, E. H. *Vinte Anos de Crise – 1919-1939*. São Paulo, Editora da UnB/Imprensa Oficial do Estado, 2001.

CASTELLO BRANCO, Carlos. *Os Militares no Poder*. Rio de Janeiro, Nova Fronteira, 1978.

DAHAL, Robert A. *Sobre a Democracia*. Brasília, Editora da UnB, 2001

DEBES, Célio. *Campos Salles. Perfil de um Estadista*. Rio de Janeiro, Livraria Francisco Alves, 1978.

DINES, Alberto; FERNANDES JR., Florestan & SALOMÃO, Nelma. *Histórias do Poder*. São Paulo, Editora 34, 2002.

FAORO, Raymundo. *Os Donos do Poder*. São Paulo, Edusp/Editora Globo, 1975.

FAUSTO, Boris (dir.). *O Brasil Republicano. Estrutura de Poder e Economia*. São Paulo, Difel, 1977.

_____. *O Brasil Republicano. Sociedade e Instituições*. São Paulo, Difel, 1977.

_____. *O Brasil Republicano. Sociedade e Política*. São Paulo, Difel, 1977.

FONTOURA, João Neves da. *Memórias*. Porto Alegre, Globo, 1963.

HILTON, Stanley. *Oswaldo Aranha, uma Biografia*. Rio de Janeiro, Objetiva, 1994.

KRIEGER, Daniel. *Desde as Missões. Saudades, Lutas, Esperanças*. Rio de Janeiro, José Olympio, 1976.

LACOMBE, Américo Jacobina. *Afonso Pena e Sua Época*. Rio de Janeiro, José Olympio, 1986.

LEITE, Mauro Renault & JÚNIOR, Novelli (org.). *Marechal Eurico Gaspar Dutra, o Dever da Verdade*. Rio de Janeiro, Nova Fronteira, 1983.

MELLO, Jayme Portella de. *A Revolução e o Governo Costa e Silva*. Rio de Janeiro, Guavira Editores, 1979.

QUEIROZ, Maria Isaura Pereira de. *O Mandonismo Local na Vida Política Brasileira*. São Paulo, Alfa-Omega, 1976.

SCHWARTZMAN, Simon; BOMENY, Maria Bousquet & RIBEIRO COSTA, Vanda Maria. *Tempos de Capanema*. São Paulo, Edusp/Paz e Terra, 1984.

SILVA, Hélio. *1922 – Sangue na Areia de Copacabana*. Rio de Janeiro, Civilização Brasileira, 1971 (2ª ed.)

SILVA, Hélio. *1930 – A Revolução Traída*. Rio de Janeiro, Civilização Brasileira, 1966.

_____. *1931 – Os Tenentes no Poder*. Rio de Janeiro, Civilização Brasileira, 1966.

_____. *1932 – A Guerra Paulista*. Rio de Janeiro, Civilização Brasileira, 1967.

_____. *1934 – A Constituinte*. Rio de Janeiro, Civilização Brasileira, 1969.

_____. *1937 – Todos os Golpes se Parecem*. Rio de Janeiro, Civilização Brasileira, 1970.

_____. *1945 – Porque Depuseram Vargas.* Rio de Janeiro, Civilização Brasileira, 1976.

_____. *1954 – Um Tiro no Coração.* Rio de Janeiro, Civilização Brasileira, 1978.

RUSSELL, Bertrand. *História do Pensamento Ocidental. A Aventura das Idéias dos Pré-Socráticos a Wittgenstein.* São Paulo, Ediouro, 2001.

VILAÇA, Marcos Vinicios & ALBUQUERQUE, Roberto Cavalcanti de. *Coronel, Coronéis.* Brasília, Editora da UnB, 1978.

WEFFORT, Francisco. *Por que Democracia?* São Paulo, Brasiliense, 1984.

Título	Idiotas & Demagogos
Autor	Almyr Gajardoni
Ilustração da Capa	Milton Rodrigues
Capa	Tomás B. Martins
Editoração Eletrônica	Aline E. Sato
	Amanda E. de Almeida
Administração Editorial	Valéria C. Martins
Divulgação	Daniel Maganha
Formato	16 x 21 cm
Papel de capa	Cartão Supremo 250g
Papel de miolo	Polen Soft 85g
Número de páginas	157
Impressão	Lis Gráfica